坐月子吃什么
每日一页

李宁 主编

中国轻工业出版社

前言

Foreword

十月怀胎，一朝分娩。伴随着那一声响亮的啼哭，你的角色就改变了，你踏上了人生新的旅程。产后的你，需要六周左右的时间来调理身体、恢复心情，以便迎接以后幸福而又辛苦的日子，为哺育宝宝积蓄能量。

这六周左右的时间俗称"坐月子"，是协助产后妈妈顺利度过人生转折，调养好身体，促使机体尽快恢复的一段关键时期。但是，现在的问题是：究竟什么样的调补才更科学、更有效呢？怎么吃才是正确的呢？在本书中你将找到最佳答案。

翻开书的每一页，就是迎接你每一天的健康营养餐。什菌一品煲止痛开胃，珍珠三鲜汤补血催乳，红小豆黑米粥补胃活血，莲藕炖牛腩滋补瘦身……42天，天天营养不同，滋养着妈妈和宝宝。

目录

第一章
临产当天吃什么 ·············· 13

顺产妈妈：补充体力 ·············· 14

剖宫产妈妈：饮食清淡 ·············· 15

第二章
产后第一周：开胃下奶 ·············· 17

产后第1天 ·············· 18

顺产妈妈 一日食谱推荐 ·············· 18

早餐 煮鸡蛋 香蕉 红糖小米粥 ·············· 18

中餐 大米粥 清炒苦瓜 什菌一品煲 ·············· 18

日间加餐 苹果 杏仁 西红柿菠菜蛋花汤 ·············· 19

晚餐 千层饼 清炒黄豆芽 生化汤 ·············· 19

晚间加餐 杂粮饼干 开心果 红小豆薏米粥 ·············· 19

剖宫产妈妈 一日食谱推荐

早餐 苹果 红糖桂圆小米粥 ·············· 20

中餐 小米粥 当归鲫鱼汤 ·············· 20

日间加餐 萝卜水 黑芝麻糊 ·············· 21

晚餐 红枣茶 西红柿面片汤 ·············· 21

晚间加餐 红糖水 藕粉 ·············· 21

产后第2天 ·············· 22

顺产妈妈 一日食谱推荐

早餐 煮鸡蛋 炒红苋菜 牛奶红枣粥 ·············· 22

中餐 米饭 西芹百合 阿胶桃仁红枣羹 ·············· 22

日间加餐 面包 香蕉 紫菜汤 ·············· 23

晚餐 西红柿菜花 干煸肉末四季豆 红枣莲子糯米粥 ·············· 23

晚间加餐 苹果 葡萄干 香油猪肝汤 ·············· 23

    排恶露明星菜谱：香油猪肝汤 ·············· 23

剖宫产妈妈 一日食谱推荐

早餐 香蕉 糖醋萝卜 山药粥 ·············· 24

中餐 小米饭 清炒菠菜 当归生姜羊肉煲 ·············· 24

日间加餐 芹菜鸡蛋羹 酸奶 香瓜 ·············· 25

晚餐 馒头 木耳炒腰花 西红柿菠菜蛋花汤 ·············· 25

晚间加餐 煮花生 饼干 红小豆酒酿蛋 ·············· 25

    补血特效补品：枸杞红枣粥 ·············· 25

产后第3天 ·············· 26

顺产妈妈 一日食谱推荐

早餐 芝麻烧饼 凉拌黄瓜 豆浆莴笋汤 ·············· 26

中餐 小米饭 土豆炖牛腩 珍珠三鲜汤 ·············· 26

日间加餐 面包 香蕉 杏仁 ·············· 27

晚餐 清炒苋菜 清蒸鲈鱼 红薯粥 ·············· 27

晚间加餐 凉拌豆腐 核桃 什锦面 ·············· 27

    催乳汁明星菜谱：猪排炖黄豆芽汤 ·············· 27

剖宫产妈妈 一日食谱推荐

早餐 煮鸡蛋 面包 牛奶梨片粥 ·············· 28

中餐 米饭 西红柿炒蛋 黄花豆腐瘦肉汤 ·············· 28

日间加餐 饼干 苹果 海米冬瓜汤 ·············· 29

晚餐 香菇鸡汤面 香蕉 炒青菜 ·············· 29

晚间加餐 红枣 腰果 西米露 ·············· 29

    通乳特效补品：鲢鱼丝瓜汤 ·············· 29

产后第4天 30
顺产妈妈 一日食谱推荐

早餐 煮鸡蛋 糖醋萝卜 紫米粥 30

中餐 米饭 生菜明虾 冬笋雪菜黄鱼汤 30

日间加餐 草莓 杏仁 红枣木耳汤 31

晚餐 红枣桂圆粥 西红柿烧豆腐 干贝冬瓜汤 31

晚间加餐 南瓜饼 苹果 牛奶 31

　　缓解紧张特效汤：香蕉百合银耳汤 31

剖宫产妈妈 一日食谱推荐

早餐 煮鸡蛋 凉拌芹菜 虾仁馄饨 32

中餐 素菜包 清炒荷兰豆 花生猪蹄汤 32

日间加餐 酸奶 香蕉 鸡蛋羹 33

晚餐 菠萝鸡片 葡萄干苹果粥 虾皮小油菜 33

晚间加餐 拌豆芽 熟板栗 黑芝麻粳米粥 33

　　改善记忆补品：鱼头香菇豆腐汤 33

产后第5天 34
顺产妈妈 一日食谱推荐

早餐 煮鸡蛋 豆腐丝 胡萝卜小米粥 34

中餐 米饭 银耳桂圆莲子汤 肉片炒蘑菇 34

日间加餐 煮豌豆 西红柿鹌鹑蛋汤 香蕉 35

晚餐 菜心炒猪肝 海米紫菜汤 桂圆芡实粥 35

晚间加餐 苹果 煮花生 牛奶 35

　　安神益智特效汤：蛤蜊豆腐汤 35

剖宫产妈妈 一日食谱推荐

早餐 三明治 煎鸡蛋 木瓜牛奶露 36

中餐 米饭 炒芥菜 银鱼苋菜汤 36

日间加餐 芹菜鸡蛋羹 核桃 香蕉 37

晚餐 小米粥 糖醋里脊 虾皮豆腐 37

晚间加餐 苹果 葡萄干 黑芝麻奶茶 37

　　最佳助眠补品：鸡蓉玉米羹 37

产后第6天 38
顺产妈妈 一日食谱推荐

早餐 素菜包 凉拌菜 冰糖五彩玉米羹 38

中餐 黑芝麻白饭 清炒芥蓝 当归红枣牛筋花生汤 ... 38

日间加餐 饼干 杏仁 葡萄粥 39

晚餐 竹笋炒肉片 清炒鸡毛菜 胡萝卜小米粥 39

晚间加餐 香蕉 奶酪 花生红枣小米粥 39

　　抗疲劳明星粥：荔枝红枣粥 39

剖宫产妈妈 一日食谱推荐

早餐 馒头 凉拌豆腐 红小豆黑米粥 40

中餐 米饭 甜椒鸡丁 益母草木耳汤 40

日间加餐 小蛋糕 苹果 西蓝花鹌鹑蛋汤 41

晚餐 芝麻烧饼 香菇肉片 鲜滑鱼片粥 41

晚间加餐 饼干 腰果 黑芝麻米糊 41

　　补钙健体明星菜谱：芋头排骨汤 41

产后第7天 42
顺产妈妈 一日食谱推荐

早餐 香蕉 拌木耳 西红柿鸡蛋面 42

中餐 米饭 香菇油菜 莲子猪肚汤 42

晚餐 木樨肉 红小豆黑米粥 蒜香空心菜 42

剖宫产妈妈 一日食谱推荐

早餐 煮鸡蛋 牛奶 三丁豆腐羹 43

中餐 米饭 鸡蛋 三丝黄花羹 43

晚餐 肉片炒莴笋 豆腐青菜汤 腐竹粟米猪肝粥 43

了解新生儿 44

第三章
产后第二周：催奶进行时

产后第二周：催奶进行时 47

产后第8天 48
顺产妈妈 一日食谱推荐

早餐 煮鸡蛋 苹果 核桃红枣粥 48
中餐 米饭 清炒苦瓜 羊肉汤 48
日间加餐 蛋卷 草莓 紫菜汤 49
晚餐 千层饼 清炒黄豆芽 海带豆腐汤 49
晚间加餐 核桃 山楂糕 阳春面 49
剖宫产妈妈 一日食谱推荐

早餐 面包 苹果 枸杞黑芝麻糊 50
中餐 小米饭 虾仁西蓝花 荷兰豆烧鲫鱼 50
日间加餐 蛋卷 草莓 三鲜豆腐汤 51
晚餐 花卷 炒猪腰 花生红小豆汤 51
晚间加餐 核桃 酸奶 红烧豆腐 51

产后第9天 52
顺产妈妈 一日食谱推荐

早餐 煮鸡蛋 雪菜 嫩豌豆小米粥 52
中餐 米饭 芝麻拌菠菜 木瓜煲牛肉 52
日间加餐 橙汁 面包 苹果 53
晚餐 馒头 白菜肉片 桃仁莲藕汤 53
晚间加餐 腰果 饼干 猕猴桃红枣饮 53
催乳滋养特补佳品：猪蹄茭白汤 53
剖宫产妈妈 一日食谱推荐

早餐 花卷 香蕉 紫菜鸡蛋汤 54
中餐 西红柿蛋汤 青椒肉丝 海带焖饭 54
日间加餐 面包 猕猴桃 熟板栗 55
晚餐 千层饼 西红柿炒菜花 莴笋肉粥 55
晚间加餐 牛奶 饼干 鸡子羹 55
补益增乳明星菜谱：乌鸡白凤汤 55

产后第10天 56
哺乳妈妈 一日食谱推荐

早餐 面包 苹果 奶酪蛋汤 56
中餐 米饭 鸡汤 三丝木耳 56

日间加餐 面包 苹果 白萝卜汤 57
晚餐 馒头 红烧豆腐 鸡丁烧鲜贝 57
晚间加餐 蛋卷 葡萄干 香蕉豆奶汁 57
通乳益气开胃佳品：明虾炖豆腐 57
非哺乳妈妈 一日食谱推荐

早餐 煮鸡蛋 桃 肉丸粥 58
中餐 米饭 虾仁丝瓜 萝卜排骨汤 58
日间加餐 核桃 苹果 蜂蜜牛奶芝麻饮 59
晚餐 千层饼 西红柿土豆牛肉汤 清蒸鲈鱼 59
晚间加餐 香蕉 饼干 香芋桂花汤 59
提食欲补钙质佳品：白萝卜蛏子汤 59

产后第11天 60
哺乳妈妈 一日食谱推荐

早餐 豆沙包 苹果 黄花菜粥 60
中餐 米饭 醋熘白菜 冬瓜羊肉汤 60
日间加餐 水果沙拉 杏仁 银耳雪梨汤 61
晚餐 鸡蛋炒豆腐 拍黄瓜 排骨汤面 61
晚间加餐 饼干 香蕉 紫苋菜粥 61
养气补虚通乳佳品：黄花菜鲫鱼汤 61
非哺乳妈妈 一日食谱推荐

早餐 花卷 煮鸡蛋 虾皮粥 62
中餐 米饭 清炒黄瓜 红枣香菇炖鸡 62
日间加餐 香蕉 蛋卷 百合炖雪梨 63
晚餐 馒头 茭白炒肉 鸡血豆腐汤 63
晚间加餐 酸奶 腰果 南瓜百合粥 63
补充蛋白质营养炖品：黄芪枸杞母鸡汤 63

产后第12天 64
哺乳妈妈 一日食谱推荐

早餐 苹果 海带丝 鸡汤面疙瘩 64
中餐 米饭 香菇油菜 豌豆炖鱼头 64
日间加餐 糖醋萝卜 熟板栗 黄花菜瘦肉汤 65
晚餐 小米粥 彩椒牛肉丝 酿茄子 65
晚间加餐 面包 苹果 豆浆 65
养气补锌通乳佳品：牛肉粉丝汤 65

非哺乳妈妈 一日食谱推荐

早餐 凉拌菜 煮鸡蛋 麦芽粥 66
中餐 米饭 西葫芦炒鸡蛋 海参木耳小豆腐 66
日间加餐 饼干 草莓 南瓜虾皮汤 67
晚餐 蚝油菜花 玉米粥 红烧牛腩 67
晚间加餐 面包 杏仁 米酒冲蛋 67
　　　健脾补身明星菜谱：木瓜鲈鱼汤 67

产后第13天 68
哺乳妈妈 一日食谱推荐

早餐 花卷 牛奶 西红柿鸡蛋羹 68
中餐 米饭 清炒油麦菜 黄豆猪蹄汤 68
日间加餐 核桃 苹果 黑豆粥 69
晚餐 米饭 紫菜蛋汤 炖带鱼 69
晚间加餐 杂粮饼干 奶酪 苹果粥 69
　　　补气催乳明星佳品：红小豆花生乳鸽汤 69

非哺乳妈妈 一日食谱推荐

早餐 煮鸡蛋 凉拌菜 奶香麦片粥 70
中餐 米饭 猪肉苦瓜丝 油菜蘑菇汤 70
日间加餐 苹果 面包 红枣花生桂圆泥 71
晚餐 馒头 香菇油菜 山药羊肉奶汤 71
晚间加餐 熟板栗 腰果 木瓜酸奶汁 71
　　　补血滋补美味菜谱：口蘑腰片 71

产后第14天 72
哺乳妈妈 一日食谱推荐

早餐 煮鸡蛋 炝炒圆白菜 红枣银耳粥 72
中餐 米饭 花生红小豆汤 肉末炒菠菜 72
晚餐 千层饼 香菇肉片 鸭血豆腐 72

非哺乳妈妈 一日食谱推荐

早餐 馒头 鹌鹑蛋 薏米南瓜浓汤 73
中餐 米饭 海带排骨汤 百合炒肉 73
晚餐 香蕉 凉拌土豆丝 红烧牛肉面 73

护理宝宝 74

第四章
产后第三周：补血为要 77

产后第15天 78
哺乳妈妈 一日食谱推荐

早餐 拌海带丝 煮鸡蛋 杏仁提子粳米粥 78
中餐 米饭 肉片炒青椒 姜枣枸杞乌鸡汤 78
日间加餐 香蕉 烤馒头片 红枣板栗粥 79
晚餐 烧饼 肉末烧茄子 红小豆黑米粥 79
晚间加餐 全麦面包 核桃 菠菜猪肝汤 79

非哺乳妈妈 一日食谱推荐

早餐 香蕉 全麦面包 鸡蛋玉米羹 80
中餐 小米饭 油焖笋 银耳鸡汤 80
日间加餐 苹果 开心果 八宝粥 81
晚餐 红烧豆腐 清炒油菜 小米鳝鱼粥 81
晚间加餐 饼干 草莓 银耳猪骨汤 81

产后第16天 82
哺乳妈妈 一日食谱推荐

早餐 煮鸡蛋 鲜肉包子 羊骨小米粥 82
中餐 米饭 海米油菜心 黑豆煲瘦肉 82
日间加餐 萨琪玛 核桃 红枣人参汤 83
晚餐 馒头 红小豆银耳汤 莲藕拌黄花菜 83
晚间加餐 松子仁 熟板栗 虾米粥 83
　　　润肤养颜和气血菜谱：猪蹄肉片汤 83

非哺乳妈妈 一日食谱推荐

早餐 苹果 素馅包子 香菇疙瘩汤 84
中餐 米饭 清炒芥蓝 清蒸甲鱼 84
日间加餐 橄榄 饼干 板栗鸡汤 85
晚餐 米饭 豆腐丝 海带炖肉片 85
晚间加餐 火龙果 核桃 麦芽粥 85
　　　补蛋白增营养炖品：板栗黄焖鸡 85

产后第17天 86

哺乳妈妈 一日食谱推荐

早餐 苹果 面包 平菇小米粥 86

中餐 米饭 西红柿蛋汤 三丝牛肉 86

日间加餐 开心果 橙子 枣泥牛奶饮 87

晚餐 馒头 豆瓣茄子 豆腐粥 87

晚间加餐 开心果 香蕉 鲜滑鱼片粥 87

补血安神促发育菜谱：清蒸黄花鱼 87

非哺乳妈妈 一日食谱推荐

早餐 苹果 素馅包子 鸭肉粥 88

中餐 米饭 清炒莴笋 鱼丸莼菜汤 88

日间加餐 面包 香瓜 排骨汤面 89

晚餐 花卷 素香茄子 麦芽鸡汤 89

晚间加餐 草莓 开心果 桂圆枸杞粥 89

补铁佳品：香芹炒猪肝 89

产后第18天 90

哺乳妈妈 一日食谱推荐

早餐 面包 煮鸡蛋 葡萄干苹果粥 90

中餐 米饭 紫菜蛋汤 奶香带鱼 90

日间加餐 葡萄柚 杏仁 奶酪蛋汤 91

晚餐 千层饼 焖鸡块 什锦黄豆 91

晚间加餐 草莓 面包 枸杞山药粥 91

催乳补钙滋补汤品：青木瓜排骨汤 91

非哺乳妈妈 一日食谱推荐

早餐 煮鸡蛋 鲜肉包 豌豆粥 92

中餐 米饭 西红柿炖牛腩 香油藕片 92

日间加餐 面包 熟板栗 山楂粥 93

晚餐 花卷 糖醋萝卜 香菇鸡汤面 93

晚间加餐 葵花子仁 香蕉 牛奶 93

养血益肝助消化佳品：山药黑芝麻羹 93

产后第19天 94

哺乳妈妈 一日食谱推荐

早餐 面包 苹果 红枣小米粥 94

中餐 米饭 西红柿蛋汤 酿茄墩 94

日间加餐 豌豆黄 榛子 红小豆黑米粥 95

晚餐 香蕉 香菇青菜 鲤鱼粥 95

晚间加餐 木瓜 牛奶 牛骨汤 95

催乳活血助恢复菜谱：花生鸡爪汤 95

非哺乳妈妈 一日食谱推荐

早餐 芒果 豆沙包 核桃红枣粥 96

中餐 米饭 清炒菠菜 香菇鸡翅 96

日间加餐 桃 松子 西红柿牛腩汤 97

晚餐 小米粥 白菜肉片 鱼头豆腐汤 97

晚间加餐 绿豆糕 开心果 紫菜鸡蛋汤 97

益气补脑活血补血佳品：木耳炒鸡蛋 97

产后第20天 98

哺乳妈妈 一日食谱推荐

早餐 苹果 葱花饼 香菇鸡肉粥 98

中餐 米饭 冬瓜排骨汤 菠菜粉丝 98

日间加餐 香蕉 饼干 桑葚蜂蜜粥 99

晚餐 馒头 清炒油菜 猪血豆腐汤 99

晚间加餐 核桃 牛奶 杏仁红小豆粥 99

补脑健身补血菜谱：爆鳝鱼面 99

非哺乳妈妈 一日食谱推荐

早餐 鸡蛋 黑豆沙芝麻饼 核桃粥 100

中餐 米饭 清炒菠菜 萝卜丝带鱼汤 100

日间加餐 香蕉 杏仁 牛奶葡萄干粥 101

晚餐 盐水鸡肝 清炒茭白 鲜肉小馄饨 101

晚间加餐 饼干 苹果 燕麦粥 101

补血滋养明星佳品：西蓝花炒猪腰 101

产后第21天 102

哺乳妈妈 一日食谱推荐

早餐 鸡蛋 卷饼 鲜虾粥 102

中餐 米饭 清炒海带丝 菠菜猪血汤 102

晚餐 烧饼 红烧茄子 莲藕排骨汤 102

非哺乳妈妈 一日食谱推荐

早餐 煎鸡蛋 豆沙包 麦芽山楂饮 103

中餐 米饭 拔丝香蕉 三鲜冬瓜汤 103

晚餐 糖醋萝卜 猪肉白菜蒸饺 花椒红糖饮 103

宝宝吐奶怎么办 104

第五章
产后第四周：恢复体力 107

产后第22天 108
哺乳妈妈 一日食谱推荐 108

早餐 牛奶 香葱鸡蛋饼 蛋香玉米羹 108
中餐 米饭 素什锦 胡萝卜莲藕排骨汤 108
日间加餐 核桃 香蕉 桂圆红枣汤 109
晚餐 花卷 白菜肉片 肉末香菇鲫鱼 109
晚间加餐 苹果 奶酪 花生麦片粥 109

非哺乳妈妈 一日食谱推荐

早餐 豆沙包 煮鸡蛋 黑芝麻山药粥 110
中餐 小米饭 西红柿蛋汤 牛肉炒菠菜 110
日间加餐 熟板栗 饼干 麦芽山楂蛋羹 111
晚餐 馒头 清炒油麦菜 小鸡炖蘑菇 111
晚间加餐 牛奶 火龙果 虾仁蒸饺 111

产后第23天 112
哺乳妈妈 一日食谱推荐

早餐 菠萝 土豆饼 肉末菜粥 112
中餐 米饭 萝卜汤 豆芽炒肉丁 112
日间加餐 杏仁 草莓 豆浆瘦肉粥 113
晚餐 苹果 醋熘圆白菜 三鲜汤面 113
晚间加餐 饼干 核桃 木耳肉丝蛋汤 113

补蛋白增活力菜谱：板栗鳝鱼煲 113

非哺乳妈妈 一日食谱推荐

早餐 煮鸡蛋 酱肉包 红小豆山药粥 114
中餐 米饭 香蕉 嫩炒牛肉片 114
日间加餐 鲜荔枝 杏仁 蒲公英粥 115
晚餐 千层饼 清炒白菜 猪肝汤 115
晚间加餐 香蕉 小蛋糕 黄瓜鸡蛋汤 115

滋补养胃营养佳品：莲子薏米煲鸭汤 115

产后第24天 116
哺乳妈妈 一日食谱推荐

早餐 香菇猪肉包 凉拌芹菜 草莓牛奶粥 116
中餐 米饭 黄瓜炒鸡蛋 芦笋鸡丝汤 116

日间加餐 橙子 腰果 西红柿蔬菜汤 117
晚餐 馒头 清炒油菜 花生猪骨粥 117
晚间加餐 饼干 葡萄干 红枣桂圆汤 117

补中益气养脾胃营养汤：牛肉萝卜汤 117

非哺乳妈妈 一日食谱推荐

早餐 鲜肉包子 炝黄瓜 羊肝萝卜粥 118
中餐 五谷饭 黄瓜海鲜汤 冬笋炒牛肉 118
日间加餐 香蕉 核桃 玉米粉粥 119
晚餐 奶酪 小炒肉 香菇豆腐汤 119
晚间加餐 饼干 开心果 水果粥 119

补气养血佳品：海参当归补气汤 119

产后第25天 120
哺乳妈妈 一日食谱推荐

早餐 素馅包子 煮鸡蛋 豆豉羊髓粥 120
中餐 米饭 芹菜炒木耳 薏米西红柿炖鸡 120
日间加餐 桃 榛子 莲子百合粥 121
晚餐 花卷 苦瓜煎蛋 金针木耳肉片汤 121
晚间加餐 腰果 酸奶 鸡蛋羹 121

补气血养脾胃营养汤：黄鱼豆腐煲 121

非哺乳妈妈 一日食谱推荐

早餐 奶酪 花卷 猪肝菠菜粥 122
中餐 米饭 芹菜炒虾仁 蘑菇瘦肉豆腐羹 122
日间加餐 核桃 饼干 酸奶 123
晚餐 香菇肉片 白菜饺子 南瓜牛肉汤 123
晚间加餐 面包 苹果 红枣糯米豆浆 123

补虚养血健骨明星粥品：粟米鸡肝粥 123

产后第26天 124
哺乳妈妈 一日食谱推荐

早餐 苹果 面包 黄芪橘皮红糖粥 124
中餐 米饭 芹菜炒牛肉 豆芽排骨汤 124
日间加餐 小蛋糕 南瓜子 菠菜牛奶汤 125
晚餐 苹果 西红柿炒蛋 玉米干贝粥 125
晚间加餐 香蕉 核桃 小米麦片粥 125

补血通乳健体明星菜谱：豌豆猪肝汤 125

非哺乳妈妈 一日食谱推荐

早餐 火龙果 葱花饼 红小豆冬瓜粥......126

中餐 米饭 菠菜丸子汤 茄子炒牛肉......126

日间加餐 葡萄干 苹果 红薯饼......127

晚餐 鸡汁粥 土豆炖排骨 西红柿菠菜蛋花汤......127

晚间加餐 猕猴桃 核桃 银耳桂圆汤......127

益气补血佳品：什锦海鲜面......127

产后第27天......128

哺乳妈妈 一日食谱推荐

早餐 苹果 鹌鹑蛋 肉末粥......128

中餐 米饭 西红柿炒鸡蛋 清炖鲫鱼......128

晚餐 香蕉 清炒藕片 鳝鱼粉丝煲......128

非哺乳妈妈 一日食谱推荐

早餐 煮鸡蛋 肉包 银耳樱桃粥......129

中餐 五谷饭 香蕉 冬瓜莲藕猪骨汤......129

晚餐 麦芽粥 香菇油菜 红烧牛肉......129

产后第28天......130

哺乳妈妈 一日食谱推荐

早餐 苹果 煎鸡蛋 银耳羹......130

中餐 米饭 清炒藕片 虾仁豆腐......130

晚餐 花卷 爽口芥蓝 木耳猪血汤......130

非哺乳妈妈 一日食谱推荐

早餐 花卷 奶汁烩生菜 猪骨菠菜汤......131

中餐 米饭 冬瓜虾米汤 红枣蒸鹌鹑......131

晚餐 红小豆饭 清炒茭白 西红柿山药粥......131

宝宝的日常护理......132

第六章
产后第五周：进餐重质不重量......135

产后第29天......136

哺乳妈妈 一日食谱推荐

早餐 煮鸡蛋 葱花饼 绿豆百合粥......136

中餐 糖醋萝卜 红烧茄子 高汤水饺......136

日间加餐 酸奶 熟板栗 香蕉银耳汤......137

晚餐 馒头 西红柿炒鸡蛋 莲藕炖牛腩......137

晚间加餐 桃 松子 豆浆小米粥......137

非哺乳妈妈 一日食谱推荐

早餐 红小豆酒酿蛋 煮鸡蛋 全麦面包......138

中餐 炒河粉 炒三丁 荠菜魔芋汤......138

日间加餐 樱桃 熟板栗 玉米荸荠饭......139

晚餐 红小豆饭 西红柿蛋花汤 豌豆鸡丝......139

晚间加餐 饼干 奶酪 木瓜粥......139

产后第30天......140

哺乳妈妈 一日食谱推荐

早餐 香蕉 包子 香菇玉米粥......140

中餐 米饭 葱油莴笋丝 肉末豆腐羹......140

日间加餐 鹌鹑蛋 饼干 桂圆红枣莲子粥......141

晚餐 水煎包 苹果 香菇鸡汤......141

晚间加餐 核桃 小蛋糕 豆浆花生饮......141

补钙消肿瘦身营养汤：冬瓜海带排骨汤......141

非哺乳妈妈 一日食谱推荐

早餐 三鲜包 煮鸡蛋 木耳粥......142

中餐 米饭 西红柿牛腩汤 芹菜炒土豆丝......142

日间加餐 葡萄 腰果 紫菜芋头甜粥......143

晚餐 花卷 苹果 南瓜金针菇汤......143

晚间加餐 饼干 核桃 苹果热奶......143

益气健脾防便秘佳品：菠菜板栗鸡汤......143

产后第31~32天......144

哺乳妈妈 一日食谱推荐

早餐 煮鸡蛋 土豆饼 何首乌红枣粳米粥......144

中餐 米饭 清炒胡萝卜丝 苦瓜猪肚汤......144

晚餐 奶酪洋葱饼 花生粥 西红柿鸡片......144

非哺乳妈妈一日食谱推荐
早餐 牛奶 玉米饼 什锦鸡粥..........................145
中餐 米饭 芹菜炒土豆丝 萝卜炖牛筋....................145
晚餐 燕麦粥 香菇炒鸡蛋 芹菜竹笋汤....................145

产后第33~35天..........................146
哺乳妈妈一日食谱推荐
早餐 苹果 煮鸡蛋 猪肝红枣粥..........................146
中餐 米饭 鲜虾西芹 胡萝卜蘑菇汤......................146
晚餐 米饭 香菇肉片 核桃百合粥........................146
非哺乳妈妈一日食谱推荐
早餐 猕猴桃 豆沙包 丝瓜粥............................147
中餐 米饭 蔬菜营养汤 鸡丝腐竹拌黄瓜..................147
晚餐 花卷 清炒芥蓝 豆芽木耳汤........................147

宝宝得了湿疹怎么办..........................148

第七章
产后第六周：瘦身从现在开始.....151

产后第36天..........................152
哺乳妈妈一日食谱推荐
早餐 凉拌花生仁 煮鸡蛋 红薯山药小米粥................152
中餐 米饭 芙蓉鲫鱼 藕拌黄花菜........................152
日间加餐 木瓜 饼干 桂圆枸杞红枣茶....................153
晚餐 千层饼 西红柿炒蛋 冬瓜丸子汤....................153
晚间加餐 草莓 榛子 虾皮菠菜蛋汤......................153
非哺乳妈妈一日食谱推荐
早餐 苹果 包子 皮蛋干贝粥............................154
中餐 米粥 茭白炒鸡蛋 香菇油菜........................154
日间加餐 开心果 面包 西红柿芹菜汁....................155
晚餐 花卷 西蓝花牛柳 雪菜豆腐虾仁汤..................155
晚间加餐 苹果 酸奶 玉米西红柿羹......................155

产后第37天..........................156
哺乳妈妈一日食谱推荐
早餐 玉米饼 芝麻圆白菜 芋头排骨粥....................156
中餐 米饭 清炒绿豆芽 丝瓜豆腐鱼头汤..................156

日间加餐 葵花子 香瓜 玉竹百合苹果汤..................157
晚餐 南瓜粥 虾米冬瓜 白菜排骨汤......................157
晚间加餐 水果沙拉 饼干 枸杞核桃豆浆..................157
减脂降血压推荐佳品：竹荪红枣茶..................157
非哺乳妈妈一日食谱推荐
早餐 煎鸡蛋 香蕉吐司 山药白萝卜粥....................158
中餐 小米饭 凉拌魔芋丝 健胃萝卜汤....................158
日间加餐 南瓜子 饼干 香蕉红枣玉米羹..................159
晚餐 花卷 芝麻冬瓜粥 香菇肉片........................159
晚间加餐 榛子 小蛋糕 芹菜黄瓜汁......................159
开胃补益瘦身佳品：橘瓣银耳羹..................159

产后第38~39天..........................160
哺乳妈妈一日食谱推荐
早餐 酸甜黄瓜 饺子 滑蛋牛肉粥........................160
中餐 米饭 炒猪肝 紫菜豆腐汤..........................160
晚餐 奶酪焗饭 苹果 白萝卜海带汤......................160
非哺乳妈妈一日食谱推荐
早餐 煮鸡蛋 葱花饼 芦笋黄瓜粥........................161
中餐 米饭 凉拌土豆丝 南瓜紫菜鸡蛋汤..................161
晚餐 香蕉 茄子面 椰汁西米露..........................161

产后第40~42天..........................162
哺乳妈妈一日食谱推荐
早餐 苹果 猪肉包 豆腐酒酿汤..........................162
中餐 米饭 清炒冬瓜 羊排骨粉丝汤......................162
晚餐 紫米饭 圆白菜炒香菇 鲫鱼冬瓜汤..................162
非哺乳妈妈一日食谱推荐
早餐 包子 煮鸡蛋 红薯山楂绿豆粥......................163
中餐 米饭 炒鲜莴笋 西红柿烧豆腐......................163
晚餐 香菇油菜 红枣糯米粥 冬瓜干贝汤..................163

宝宝的潜能开发..........................164

附录：
产后瘦身操.....166

准妈妈在生产的过程中是要消耗很大体力的，
所以在生产的过程中，
准妈妈一定要适当进食，以补充体力。
食物要以清淡为宜，
不可进食刺激性食物。

第一章

临产当天吃什么

顺产妈妈：补充体力

生产是一项重体力活，准妈妈的身体、精神都经历着巨大的能量消耗。生产前的饮食很重要，饮食安排得当，除了能补充身体的需要外，还能增加产力，促进产程的发展，帮助准妈妈顺利生产。

第一产程

临盆早期是漫长的前奏，在进产房前 8~12 个小时，由于时间比较长，准妈妈睡眠、休息、饮食都会因阵痛而受到影响。为了确保有足够的精力完成生产，准妈妈应尽量进食，食物以半流质或软烂的为主，如鸡蛋面、蛋糕、面包、粥等。

豆腐皮粥——保胎助产

原料：豆腐皮 20 克，粳米 50 克，冰糖适量。

做法：①将豆腐皮放入清水中漂洗干净，切成丝。②粳米淘洗净入锅加清水适量，先用大火煮沸后，改用小火煮至粥将成。③加入豆腐皮、冰糖煮至粥烂。

功效：豆腐皮粥有益气通便、保胎顺产、滑胎催生作用。临产前食用，能使胎滑易产，缩短产程，是临产的保健佳品。

黄芪羊肉汤——增加产力

原料：羊肉 100 克，黄芪 10 克，红枣 5 个，红糖、姜片、盐各适量。

做法：①将羊肉洗净，切成 3 厘米见方的小块，放在沸水中略煮一下去掉血沫，取出备用。②红枣洗净备用。③将羊肉块、黄芪、红枣、姜片一同放入锅内，加清水大火煮沸。④转小火慢炖至羊肉酥烂。出锅时加入盐、红糖即可。

功效：在临产前准妈妈可以适量食用些黄芪羊肉汤，它能够补充体力，有利于顺利生产，同时还有安神、快速恢复疲劳的作用。对于防止产后恶露不尽也有一定作用。

第二产程

临产活跃期由于子宫收缩频繁，疼痛加剧，消耗增加，此时准妈妈应尽量在宫缩间歇摄入一些果汁、红糖水等流质食物，以补充体力，帮助胎儿娩出。身体需要的水分可由果汁、水果、糖水及白开水补充，注意既不可过于饥渴，也不能暴饮暴食。

第三产程

临产前，由于阵阵发作的宫缩痛，准妈妈应学会宫缩间歇期进食的"灵活战术"，选择能够快速消化、吸收的碳水化合物类食物，以快速补充体力。

由于宫缩的干扰及睡眠不足，产后妈妈胃肠道消化能力降低，食物从胃排到肠里的时间（胃排空时间）由平时的 4 小时增加至 6 小时左右，极易存食。因此，不要吃不容易消化的油炸或肥肉类等油性大的食物。

剖宫产妈妈：饮食清淡

一旦决定剖宫产，产前一定要加强营养，饮食要清淡，多吃新鲜的水果、蔬菜、蛋、奶、瘦肉等富含维生素 C、维生素 E 和人体必需氨基酸的食物，以促进血液循环，改善表皮代谢功能。忌吃辣椒、葱蒜等刺激性食物，防止引起刺痒。

一些慢性疾病，如营养不良、贫血、糖尿病等都不利于伤口愈合，却利于疤痕的产生，要提前积极治疗。

手术前 48 小时

剖宫产前不宜滥用高级滋补品，如高丽参、洋参，以及鱿鱼等食品。因为参类具有强心、兴奋作用，鱿鱼体内含有丰富的有机酸物质，它能抑制血小板凝集，不利于术后止血与创口愈合。

黄花豆腐瘦肉汤——补气生血

原料：猪瘦肉 50 克，黄花菜 20 克，豆腐 100 克，盐适量。

做法：①将黄花菜用水浸软，洗净；猪瘦肉洗净，切块；豆腐切成块。②将黄花菜和猪瘦肉一起放入锅中，加入适量水，用大火煮沸后，改用小火煲 1 小时。③然后放入豆腐煲 10 分钟左右，最后加入适量盐调味即可。

手术前 24 小时

如果是有计划实施剖宫产，手术前要做一系列检查，以确定准妈妈和胎宝宝的健康状况。准时按约定时间在手术前一天住院，以接受手术前的准备。

手术前一天，晚餐要清淡，午夜 12 点以后不要再吃东西，以保证肠道清洁，减少术中感染。

红枣果仁糕——益气养血

原料：红枣 5 个，枸杞子、核桃仁、葡萄干、黑芝麻、松子仁各 10 克，糙米、薏米各 20 克，面粉适量。

做法：①将红枣、枸杞子、葡萄干、黑芝麻、糙米、薏米泡洗干净后，加核桃仁、面粉、少许水在盆中拌匀。②将拌匀后的材料放入沸水锅中蒸 20 分钟后再熄火闷 10 分钟。③将蒸好的食物倒入模具中，撒上松子仁，待冷却后倒出，切片即可。

手术前 6~8 小时

手术前 6~8 小时也不要再喝水，以免麻醉后呕吐，引起误吸。手术前注意保持身体健康，最好不要患上呼吸道感染、感冒等发热的疾病。

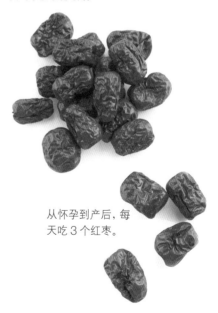

从怀孕到产后，每天吃 3 个红枣。

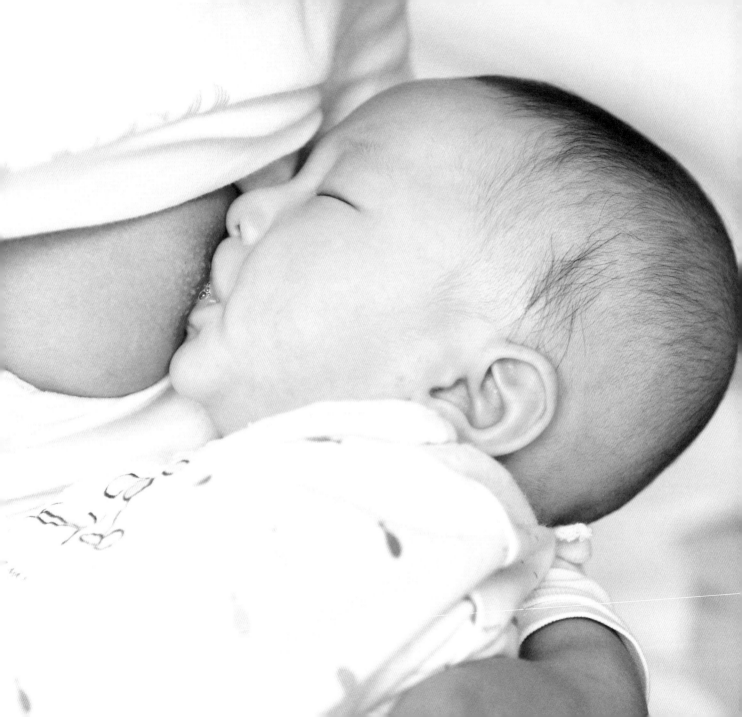

第二章

产后第一周：开胃下奶

新妈妈的身体变化

阵痛从第 3 天开始得到缓解。

恶露量在分娩当天和第 2 天较多，

一周后，与平时的月经量差不多。

分娩后第 1 天开始分泌乳汁。

分娩 1 周后子宫缩小。

宝宝的成长发育

出生第 1 天或第 2 天，排出黑绿色的胎便，

从第四五天开始，胎便逐渐变成黄色。

每天排尿 6~10 次，但量很少。

出生 1 周时体重稍有下降。

红糖小米粥

什菌一品煲

一日食谱推荐

产后第 1 天的妈妈，虽然身体亟需养分，但产后疼痛会降低进食的欲望，胃肠功能也在初步调整中。饮食还是要以清淡为主，适当进食谷类、水果、牛奶等，可改善食欲和消化系统功能，缓解疼痛和不适感，有助于循序渐进地恢复体力。

特别提示：现在新妈妈最着急的就是下奶，但因为乳腺还不通畅，此时一定不要急于喝下奶汤，否则会导致乳腺淤阻，从而加重乳房不适。

早餐

煮鸡蛋	1 个
香蕉	1 根
红糖小米粥	1 碗

红糖含铁比白糖高 1~3 倍，对于产后新妈妈排除淤血、补充失血有较好的作用。

中餐

大米粥	1 碗
清炒苦瓜	1 份
什菌一品煲	1 份

素素的什菌一品煲有利于放松因疼痛而变得异常敏感和紧绷的神经，具有很好的开胃作用。

产后宜忌：

产后不宜多吃鸡蛋

鸡蛋有很高的营养价值，蛋白质含量很高，刚刚生产后的妈妈，坐月子期间需要滋补身体，常以鸡蛋为主食，但鸡蛋吃得过多不利于蛋白质的吸收，所以并非越多越好，妈妈每天摄入蛋白质 100 克左右就可以了。因此，每天吃鸡蛋一两个就足够了。

什菌一品煲

原料：猴头菌、香菇、平菇各 20 克，白菜心、葱段、盐各适量。

做法：①香菇洗净，切去蒂部，划出花刀；平菇洗净切去根部；猴头菌洗净后切开；白菜心掰成小棵。②锅内放入清水或素高汤、葱段，大火烧开。③再放入香菇、平菇、猴头菌、白菜心，转小火煲 10 分钟，加盐调味即可。

扫一扫，
看视频学做菜

西红柿菠菜蛋花汤

生化汤

红小豆薏米粥

日间加餐①

苹果	1个
杏仁	5颗
西红柿菠菜蛋花汤	1份

　　西红柿不仅有抗氧化的功能，还可增强产后妈妈的抗病能力，妈妈不生病，宝宝才健康。

晚餐

千层饼	1块
清炒黄豆芽	1份
生化汤	1份

　　生化汤具有活血散寒的功效，可缓解产后血淤腹痛、恶露不净，对于产后妈妈有很好的调养温补的功效。

晚间加餐②

杂粮饼干	2块
开心果	10颗
红小豆薏米粥	1份

　　红小豆薏米粥有清利湿热、镇静和催眠的作用，能让妈妈得到充分的休息。

产后宜忌：
红糖水并不是喝得越久越好

　　习惯上认为红糖水在产后喝比较补养身体，比如可以帮你补血和补充碳水化合物，还能促进恶露排出和子宫复位等，但并不是喝得越久越好。因为过多饮用红糖水，会损坏你的牙齿，夏天会导致出汗过多，使身体更加虚弱。产后喝红糖水的时间，以7~10天为宜。

生化汤

原料：当归、桃仁各15克，粳米30克，川芎、黑姜、甘草、红糖各适量。

做法：①粳米淘洗干净，用清水浸泡30分钟，备用。②将当归、桃仁、川芎、黑姜、甘草和水以1：10的比例，用小火煮30分钟，取汁去渣。③将药汁和淘洗干净的粳米熬煮为稀粥，调入红糖即可，温热服用。

禁忌：恶露不绝者忌用。

产后宜忌：
产后不宜天天喝浓汤

　　产后不宜天天喝浓汤（即脂肪含量很高的汤），如猪蹄汤、鸡汤等，因为过多的高脂食物不仅让你身体发胖，还会引起消化不良。

　　比较适宜的汤是富含蛋白质、维生素、钙、磷、铁、锌等营养素的清汤，如瘦肉汤、蔬菜汤、蛋花汤、鲜鱼汤等。而且要保证汤和肉一块吃，这样才能真正摄取到营养。

注①②：日间加餐安排在上下午均可，晚间加餐可安排在睡前1~2小时。

红糖桂圆小米粥

当归鲫鱼汤

剖宫产妈妈
一日食谱推荐

早餐

苹果	1 个
红糖桂圆小米粥	1 碗

　　桂圆含葡萄糖、蔗糖和维生素 A、B 族维生素等多种营养素，对于剖宫产后的新妈妈有滋养补血和养心安神的功效。

中餐

小米粥	1 碗
当归鲫鱼汤	1 份

　　当归可益气养血，对因手术而损伤元气的妈妈很有益；鲫鱼补血、排恶露、通血脉的功效非常好。剖宫产的妈妈要补充一点高营养的食品。

产后宜忌：
实热体质不宜多吃桂圆

　　桂圆属于温补水果，含有多种营养物质，有补血补气、健脑益智、补养心脾的功效，体质较弱的人以及刚生完宝宝的产后妈妈吃点桂圆，对身体恢复很有好处。但是桂圆易生内热，故实热体质者不宜多食。

当归鲫鱼汤

原料：当归 10 克，鲫鱼 1 条，盐、葱花各适量。

做法：①将鲫鱼洗净，去内脏和鱼鳞，洗的时候要把鱼鳞全部弄干净，鱼肚里也要洗净，免得汤有腥味。②洗好后，在鱼身上涂抹少量盐，腌放 10 分钟。③用清水把当归洗净，整个放进热水中浸泡 30 分钟，然后取出切片，当归切得越薄越好，浸泡的水不要倒掉，用泡过当归的水煲汤。④将鲫鱼与当归一同放入锅内，加入泡过当归的水，炖煮至熟，出锅前加入葱花即可。

产后

第 **1** 天

黑芝麻糊

西红柿面片汤

藕粉

日间加餐

萝卜水	1 杯
黑芝麻糊	1 碗

　　黑芝麻糊不但味道鲜美浓郁，而且有补血、通乳、润肠、养发等功效，对于产后虚弱的妈妈，再适合不过了。

晚餐

红枣茶	1 杯
西红柿面片汤	1 份

　　西红柿面片汤不仅能增进食欲，又营养丰富、利于消化吸收，并且具有滋阴清火的作用，对产后妈妈大便秘结、血虚体弱、头晕乏力等，有一定疗效。

晚间加餐

红糖水	1 杯
藕粉	1 碗

　　藕粉含糖量较高，比较适合产后妈妈服用，因为剖宫生宝宝是一个耗气伤血的过程，必然能量消耗很多，及时地补充糖分还是很有必要的。

产后宜忌：
剖宫产后 6 小时应禁食

　　剖宫产妈妈，由于肠管受到刺激而使肠道功能受损，肠蠕动减慢，肠腔内有积气，易造成术后的腹胀感，所以不要吃巧克力、果汁和牛奶等胀气食物。剖宫产术后 6 小时内应禁食，待术后 6 小时后，可以喝一点开水，刺激肠蠕动，等到排气后，才可进食。刚开始进食的时候，应选择流质食物，然后由软质食物、固体食物渐进。

西红柿面片汤

原料：西红柿 1 个，面片 50 克，高汤、盐、香油各适量。

做法：①西红柿烫水去皮切块。②油锅炒香西红柿，炒成泥状后加入高汤烧开，加入面片。③煮 3 分钟后，加盐、香油调味即可。

产后宜忌：
剖宫产后要少吃产气食物

　　剖宫产后开始进食时宜服用一些排气类食物，如萝卜汤等，以增强肠蠕动，促进排气，减少腹胀，并使大小便通畅。易发酵产气多的食物，如黄豆、豆浆等，也要少吃或不吃，以防腹胀。

牛奶红枣粥

阿胶桃仁红枣羹

一日食谱推荐

早餐

煮鸡蛋	1个
炒红苋菜	1份
牛奶红枣粥	1碗

原料：粳米30克，鲜牛奶250毫升，红枣6个。

做法：①红枣洗净，取红枣肉备用。②粳米洗净，用清水浸泡30分钟。③锅内加入清水，将粳米放入，大火煮沸后，转小火熬30分钟，至粳米绵软。④加入牛奶和红枣，小火慢煲至牛奶烧开，粥浓稠即可。

产后宜忌

不宜只喝小米粥

小米粥特别有营养，特别是在月子期间，但是也不能只以小米粥为主食，而忽视了其他营养成分的摄入。刚分娩后的几天可以小米粥等流质食物为主，但当你的肠胃功能恢复之后，就需要及时均衡地补充多种营养成分了，否则可能会营养不良的。

中餐

米饭	1碗
西芹百合	1份
阿胶桃仁红枣羹	1份

原料：阿胶、核桃各50克，红枣10个。

做法：①核桃去皮留仁，捣烂备用。②红枣洗净，去红枣核后备用。③把阿胶砸成碎块，50克阿胶需加入20毫升的水一同放入瓷碗中，隔水蒸化后备用。④红枣、核桃仁放入另一只砂锅内，加清水用小火慢煮20分钟。⑤将蒸化后的阿胶放入锅内，与红枣、核桃仁同煮5分钟即可。

功效：核桃仁可促进产后子宫收缩，对血行障碍有改善作用。阿胶为妇科上等良药，可减轻产后妈妈出血过多引起的气短、乏力、头晕、心慌等症状。

产后妈妈

产后

第 2 天

红枣莲子糯米粥

新妈妈会发现恶露有增多的现象，这是正常的，不要有太多的心理负担，从而影响正常的饮食和泌乳。此时适量喝些红糖水、香油猪肝汤等补血益气的食品。

坚持给宝宝增加喂奶次数，也可帮助子宫收缩，促进恶露排出。

日间加餐

面包	2 片
香蕉	1 根
紫菜汤	1 碗

如果是冬季，可以在吃水果之前，放温水里暖一下，以不冰凉为原则。

晚餐

西红柿菜花	1 份
干煸肉末四季豆	1 份
红枣莲子糯米粥	1 碗

原料：糯米 30 克，红枣 6 个，莲子 10 克。
做法：①将糯米洗净，并加水浸泡约 1 小时。②红枣洗净，莲子要用温水洗净，备用。③将泡过的糯米连同清水一起放入锅内，再放入红枣和莲子，先以大火煮沸，再转小火煮成稍微黏稠的粥即可。

晚间加餐

苹果	1 个
葡萄干	15 粒
香油猪肝汤	1 碗

猪肝含丰富的维生素 B_1 及铁。宝宝缺铁易发生缺铁性贫血，从而影响智力发育，哺乳妈妈及时补铁可防止宝宝身体内储铁不足。

香油猪肝汤

排恶露明星菜谱：香油猪肝汤

功效：由小火煎过的香油温和不燥，有促进恶露代谢、增加子宫收缩的功效。
用法：午餐、晚餐或加餐时食用。
原料：猪肝 100 克，香油、米酒、姜片各适量。
做法：①猪肝洗净擦干，切成 1 厘米厚的薄片备用。②锅内倒香油，小火煎至油热后加入姜片，煎到浅褐色。③再将猪肝放入锅内大火快速煸炒，煸炒 5 分钟后，将米酒倒入锅中。④米酒煮开后，立即取出猪肝。⑤米酒用小火煮至完全没有酒味为止，再将猪肝放回锅中即可。

山药粥

当归生姜羊肉煲

剖宫产妈妈
一日食谱推荐

第 **2** 天

产后

早餐

香蕉	1 根
糖醋萝卜	1 份
山药粥	1 碗

原料：粳米30克，鲜山药20克，白糖适量。

做法：①将粳米洗净，用清水浸泡30分钟。②将鲜山药洗净，削皮后切成块。③锅内加入清水，将山药放入锅中，加入粳米，同煮成粥。④待粳米绵软，再加白糖煮片刻即可。

> **产后宜忌**
> **多吃维生素 C 的食物**
>
> 　　自然生产的妈妈，伤口愈合比较快，只需三四天，而剖宫产妈妈则需要 1 周左右。产后营养好，会加速伤口的愈合，建议适当多吃富含优质蛋白和维生素 C 的食物，以促进组织修复。

中餐

小米饭	1 碗
清炒菠菜	1 份
当归生姜羊肉煲	1 份

原料：羊肉100克，当归5克，生姜片3片，葱段、盐、料酒各适量。

做法：①羊肉洗净、切块，用热水烫过，去掉血沫，沥干备用。②用清水把当归洗净，整个放进热水中浸泡30分钟，然后取出切片，当归切得越薄越好，浸泡的水不要倒掉，用泡过当归的水煲汤，营养才不会流失。③将处理过的羊肉放入锅内，加入生姜片、当归、料酒、葱段和泡过当归的水，小火煲2小时。④出锅时加盐调味即可。

功效：羊肉具有滋阴补肾、温阳补血、活血祛寒的功效，对产后气血虚弱、营养不良、腰膝酸软、腹痛有一定作用。

木耳炒腰花

剖宫产的妈妈应该加强腰肾功能的恢复，多补充羊肉、猪腰、山药、芝麻、板栗、枸杞子、豆类蔬菜和各种坚果等食品。要多注意休息，不要长时间抱宝宝，减少久坐的时间。

日间加餐

芹菜鸡蛋羹	1 份
酸奶	1 杯
香瓜	1 块

分娩消耗了妈妈大量精力和体力，所以应及时调理饮食，加强营养。

晚餐

馒头	1 个
西红柿菠菜蛋花汤	1 份
木耳炒腰花	1 份

黑木耳蛋白质丰富，还含有多种维生素和铁质，能滋肾养血；猪腰滋阴补肾，养肝明目。这道菜非常适合产后身体虚弱的新妈妈食用，有助于滋养身体、尽快恢复体力。

晚间加餐

煮花生	10 颗
饼干	2 块
红小豆酒酿蛋	1 份

糯米酒酿能刺激消化腺的分泌，增进食欲，有助消化。糯米经过酿制，营养成分更易于人体吸收，是给产后妈妈提供葡萄糖来源的极佳食品。

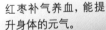
红枣补气养血，能提升身体的元气。

补血特效补品：枸杞红枣粥

功效： 枸杞子、红枣和红糖都有补养身体、滋润气血的功效，对有气血不足、脾胃虚弱、失眠、恶露不净等症的产后妈妈来说是极佳的补品。

用法： 早餐或晚餐时食用。

原料： 枸杞子 10 克，红枣 10 个，粳米 30 克，红糖适量。

做法： ①将枸杞子洗净，除去杂质。②红枣洗净，除去核；将粳米淘洗干净。③将枸杞子、红枣和粳米放入锅中，加水 600 毫升，用大火烧沸。④再用小火煮 30 分钟，加入红糖调匀即可。

豆浆莴笋汤

珍珠三鲜汤

一日食谱推荐

早餐

芝麻烧饼	1 个
凉拌黄瓜	1 份
豆浆莴笋汤	1 份

原料：莴笋 100 克，豆浆 200 毫升，姜片、葱段、盐各适量。

做法：①将莴笋茎洗净去皮，切成 4 厘米长、1 厘米宽的条；莴笋叶切成段。②将锅置大火上，倒入植物油，烧至六成热时放姜片、葱段稍煸炒出香味。③放入莴笋条、盐，大火炒至断生。④去姜、葱，将莴笋叶放入，并倒入豆浆，大火煮至熟透即可。

功效：豆浆营养丰富易于消化吸收，可以滋阴润燥，补虚增乳。妈妈进补得顺利，宝宝摄取得会更好。

中餐

小米饭	1 碗
土豆炖牛腩	1 份
珍珠三鲜汤	1 份

原料：鸡胸肉 100 克，胡萝卜 50 克，嫩豌豆 25 克，西红柿 1 个，蛋清、盐、淀粉各适量。

做法：①胡萝卜、西红柿均切成小丁；将鸡胸肉剁成肉泥，加蛋清、淀粉拌匀。②豌豆、胡萝卜丁、西红柿丁放入清水中炖至豌豆绵软。③用筷子把鸡肉拨成珍珠大小的丸子，放入锅中；用大火将汤再次煮沸。放入盐调味即可。

产后宜忌

不宜急于食用老母鸡

老母鸡的卵巢中含有一定量的雌激素，若产后急于食用老母鸡，会使妈妈血液中雌激素浓度增加，催乳素的效能就因之减弱，进而导致乳汁不足。

第

天

红薯粥

新妈妈开始分泌乳汁了，膨胀的血管和充足的乳汁，可能会暂时让你的乳房感到疼痛、肿胀，最初的几天你要是给宝宝经常喂奶，会有助于缓解这些不适感。此时哺乳妈妈不仅需要补充足量的蛋白质、碳水化合物、脂肪和水，还需要增加丰富的矿物质和维生素，以促进乳汁分泌量和提高乳汁质量，满足宝宝身体发育的需要。

日间加餐

面包	2 片
香蕉	1 根
杏仁	5 颗

新鲜的蔬菜水果，不仅可以补充肉类、蛋类所缺乏的维生素 C 和膳食纤维，还可以促进食欲，帮助消化及排便，防止产后便秘的发生。需要注意的是，要吃常温下保存的新鲜水果。

晚餐

清炒苋菜	1 份
清蒸鲈鱼	1 份
红薯粥	1 碗

原料：新鲜红薯 50 克，粳米 30 克。

做法：①将红薯洗净，连皮切成 2 厘米厚的块。②粳米洗净，用清水浸泡 30 分钟。③将泡好的粳米和红薯放入锅内，大火煮沸后，转小火继续煮。④煮至粥稠即可。

晚间加餐

凉拌豆腐	1 份
核桃	2 个
什锦面	1 份

什锦面中有很多蔬菜、海鲜、蛋类，面汤营养丰富，可以促进乳汁分泌量，提高乳汁质量。

黄豆芽烧至断生即可，不宜久煮。

催乳汁明星菜谱：猪排炖黄豆芽汤

功效：猪排为滋补强壮、营养催乳的佳品，可缓解产后妈妈频繁喂奶的疲劳，有更充足的精力去照顾宝宝。

用法：午餐、晚餐或加餐时食用。

原料：猪排 150 克，鲜黄豆芽 50 克，葱段、姜片、盐、料酒各适量。

做法：①将猪排洗净后，切成 4 厘米长的段，放入沸水中焯去血沫。②锅内放入热水，将猪排、料酒、葱段、姜片一同放入锅内，小火炖 1 小时。③之后放入黄豆芽，用大火煮沸，再用小火炖 15 分钟，放入适量盐调味即可。

牛奶梨片粥

黄花豆腐瘦肉汤

剖宫产妈妈
一日食谱推荐

产后
第 **3** 天

早餐

煮鸡蛋	1个
面包	1片
牛奶梨片粥	1碗

原料：粳米 50 克，牛奶 250 毫升，蛋黄 1 个，梨 30 克，柠檬、白糖各适量。

做法：①将梨去皮去核，切成厚片，加白糖蒸 15 分钟。②将柠檬榨成汁，淋在梨片上，拌匀。③将牛奶加糖烧沸，放入粳米，烧沸后用小火焖成稠粥，再放入蛋黄，熟后离火。④盛入碗中，粥面铺数块梨片即可。

> **产后宜忌**
> **不要依靠服用营养素来代替饭菜**
> 妈妈产后开始泌乳后必须加强营养，这时的食物品种应多样化，但妈妈千万不要依靠服用营养素来代替饭菜，应遵循人体的代谢规律，食用自然的饭菜才是正确的，真正符合药补不如食补的原则。

中餐

米饭	1碗
西红柿炒蛋	1份
黄花豆腐瘦肉汤	1份

原料：猪瘦肉 100 克，黄花菜 10 克，豆腐 150 克，红枣 5 个，盐适量。

做法：①将黄花菜用水浸软、洗净。②猪瘦肉洗净，切小块；将豆腐切成大块，备用。③将黄花菜和猪瘦肉、红枣一起放入锅中，加入适量水，用大火煮沸。④然后再改用小火煲 1 小时。⑤放入豆腐煲 10 分钟，加盐调味即可。

功效：黄花菜具有清热除烦、利水消肿、止血下乳的作用，与富含蛋白质的豆腐和滋阴润燥的猪瘦肉同食，补气、生血、催乳的功效显著，很适合因产后气虚而导致缺乳的妈妈食用。

海米冬瓜汤

剖宫产的妈妈分泌乳汁的时间要比顺产的妈妈来得晚一点，分泌的量也会稍微少一点，这是正常现象，剖宫产的妈妈不要太紧张。此时，剖宫产的妈妈可以多吃些鱼、蔬菜类的汤和饮品，不要着急吃油腻的骨汤，以免乳汁分泌不畅，汤水补得太丰富时，乳房内会出现硬块。

日间加餐

饼干	3 块
苹果	1 个
海米冬瓜汤	1 份

　　海米冬瓜汤含有优质的蛋白质、脂肪、维生素 C 和多种矿物质，对产后妈妈小便不畅、乳汁不下等有辅助疗效。

晚餐

香菇鸡汤面	1 份
香蕉	1 根
炒青菜	1 份

　　煮的食物其水溶性维生素及矿物质已部分溶于汤中，便于人体吸收。香菇富含 B 族维生素、铁、钾，营养丰富，对产后妈妈恢复体力哺育宝宝很有帮助。

晚间加餐

红枣	5 个
腰果	6 颗
西米露	1 份

　　西米主要成分是淀粉，有温中健脾、治脾胃虚弱和消化不良的功效，可以增强产后妈妈的食欲，以便更好地哺育宝宝。

通乳特效补品：鲢鱼丝瓜汤

功效：丝瓜内含瓜氨酸、糖类、蛋白质及微量元素等营养物质，具有通经络，行血经，下乳汁的功效；鲢鱼有温中益气的作用。此汤两物相配，具有补中益气、生血通乳的作用，对产后气血不足所致的乳汁少或泌乳不畅的妈妈最为适宜。

用法：午餐、晚餐或加餐时食用。

原料：鲢鱼 1 条，丝瓜 100 克，葱段、姜片、白糖、盐、料酒各适量。

做法：①鲢鱼去鳞，去鳃，去内脏，洗净。②丝瓜去皮，洗净，切成 4 厘米长的条，备用。③将鲢鱼段放入锅中，再加料酒、白糖、姜片、葱段后，注入清水，开大火煮沸。④转小火慢炖 10 分钟后，加入丝瓜条，煮熟后，加盐调味即可。

鲢鱼的鱼鳔营养丰富又美味，妈妈不要丢掉。

紫米粥　　　　　　　　冬笋雪菜黄鱼汤

一日食谱推荐

煮鸡蛋	1 个
糖醋萝卜	1 份
紫米粥	1 碗

原料：紫米 30 克，牛奶 250 毫升，红枣 5 个，白糖适量。

做法：①将紫米淘洗干净。②红枣去核洗净。③在锅内放入清水、紫米，用大火煮沸。④之后用小火煮到粥将成时，加入红枣同煮。⑤最后加入白糖、牛奶调味即成。

饭后或睡前宜食用香蕉

　　香蕉对失眠或情绪紧张有一定的疗效，因为香蕉具有安抚神经的效果，因此在产后妈妈吃点香蕉，可起到镇静作用。新妈妈拥有稳定的情绪才会与宝宝建立起良好的母婴关系。

米饭	1 碗
生菜明虾	1 份
冬笋雪菜黄鱼汤	1 份

原料：冬笋、雪菜各 20 克，黄花鱼 1 条，葱段、姜片、盐、黄酒、花生油各适量。

做法：①先将黄花鱼去鳞，去内脏，一定要仔细去掉鱼腹部的黑膜，否则鱼会很腥。洗净后擦干鱼身上的水，切块，用黄酒腌浸 20 分钟后备用。②泡发好的冬笋，切片备用。③雪菜洗净，切碎备用。④将花生油下锅烧热，将处理好的黄花鱼两面各煎片刻。⑤锅中加入清水，放入冬笋、雪菜、葱段、姜片，先用大火烧开，后改用中火煮 15 分钟。⑥出锅前放入盐调味，拣去葱、姜即成。

功效：黄花鱼有健脾升胃、益气填精之功效，对贫血、失眠、头晕、食欲不振及产后体虚有良好疗效，特别是对于产后抑郁症的发生有良好的预防作用。良好的精神状态是保证母乳质量的前提。

南瓜饼

刚生产以后妈妈身体内的雌激素会突然降低，很容易发生抑郁性的心理，情绪容易波动、不安、低落，常常为一点小事不称心而感到委屈、甚至伤心落泪。

此时，应该多吃些鱼肉和海产品，鱼肉含有一种特殊的脂肪酸，有抗抑郁作用，有助于减少产后抑郁症的发生。

日间加餐

草莓	5 颗
杏仁	7 颗
红枣木耳汤	1 份

红枣与木耳有养血养胃的功效，可以治疗产后妈妈的气血不足。

晚餐

红枣桂圆粥	1 碗
西红柿烧豆腐	1 份
干贝冬瓜汤	1 份

冬瓜是营养价值很高的蔬菜，冬瓜能促使体内淀粉和糖及时转化为热量，而不变成脂肪。干贝有稳定情绪的作用，可缓解产后抑郁症。

晚间加餐

南瓜饼	1 块
苹果	1 个
牛奶	1 杯

晚上喝牛奶，不但有助于睡眠，而且有助于人体对其营养成分的吸收，这样也可以让产后妈妈的紧张情绪稳定下来。

缓解紧张特效汤：香蕉百合银耳汤

功效：百合与银耳含丰富的矿物质元素，具有滋阴、温补、润肺的作用，香蕉含钾丰富，而且很利于消化、吸收。此汤甜润可口，可以起到缓解紧张的作用。

用法：可在加餐时食用。

原料：干银耳 20 克，鲜百合 50 克，香蕉 1 根，冰糖适量。

做法：①干银耳用清水浸泡 2 小时，择去老根及杂质，撕成小朵。②银耳放入瓷碗中，以 1：4 的比例加入清水，放入蒸锅内隔水加热 30 分钟后，取出备用。③新鲜百合剥开，洗净去老根；香蕉去皮，切成 1 厘米厚的片。④将蒸好后的银耳、新鲜百合、香蕉片一同放入锅中，加清水，用中火煮 10 分钟。⑤出锅时加入冰糖化开即可。

虾仁馄饨　　　　　　　　花生猪蹄汤

剖宫产妈妈
一日食谱推荐

早餐

煮鸡蛋	1个
凉拌芹菜	1份
虾仁馄饨	1份

原料：鲜虾仁 30 克，猪肉 50 克，胡萝卜 15 克，盐、香菜、香油、葱、姜、馄饨皮各适量。

做法：①将新鲜虾仁、猪肉、胡萝卜、葱、姜放在一起剁碎，加入油、盐拌匀。②把做成的馅料分成 8~10 份，包入馄饨皮中。③将包好的馄饨放在沸水中烫熟。④将馄饨盛入碗中，再加盐、香菜、葱末、香油调味即可。

产后宜忌
剖宫产妈妈多吃富含蛋白质的食物

　　为了促进剖宫产妈妈腹部刀口的恢复，要多吃鸡蛋、瘦肉、肉皮等富含蛋白质的食物，同时也应多吃含维生素 C、维生素 E 丰富的食物。

中餐

素菜包	1个
清炒荷兰豆	1份
花生猪蹄汤	1份

原料：猪蹄 1个，花生仁 50 克，葱段、姜片、盐、料酒各适量。

做法：①花生仁洗净，备用。②猪蹄洗净，放入锅内，加料酒、清水煮沸，撇去浮沫。③再把花生仁、葱段、姜片放入锅内，转小火继续炖至猪蹄软烂。④拣去葱段、姜片，加入盐调味即可。

产后宜忌
少用药物缓解抑郁

　　产后抑郁是暂时的，它的好转就像它来时那么快。妈妈只需要取得家人的理解与呵护，多与有同样经历的妈妈讨论一下育儿经验，多分散注意就可以了。如果靠药物来减轻这些症状，分解的药物会随着乳汁分泌出来，宝宝吸收后身体会有不良的反应。

鸡蛋羹

剖宫产妈妈产生抑郁来得要比顺产的妈妈更猛烈些，剖宫产伤口的愈合有一个过程，术后的疼痛、恼人的伤口、哭泣的宝宝都在考验着妈妈的耐心。这期间除了注意调节心情之外，也要避免发生感染，多吃富含维生素 C 和维生素 E 的食品，加快伤口的愈合。

日间加餐

酸奶	1 杯
香蕉	1 根
鸡蛋羹	1 份

月子里吃鸡蛋不仅使母子健康还可促进乳汁分泌。而鸡蛋羹软嫩可口，更适合产妇食用，其中蛋白质也更利于消化和吸收。

晚餐

菠萝鸡片	1 份
葡萄干苹果粥	1 碗
虾皮小油菜	1 份

产后抑郁的妈妈常有健忘的情况发生，总觉得脑子不如以前好用。苹果是全方位的健康水果，它不仅可以提供大脑所需的糖类，更可以帮助调节水盐及电解质平衡。

晚间加餐

拌豆芽	1 份
熟板栗	4 颗
黑芝麻粳米粥	1 碗

黑芝麻有健脑益智、延年益寿的作用，可以改善产后抑郁妈妈的健忘症状。

改善记忆补品：鱼头香菇豆腐汤

功效：胖头鱼富含磷脂，特别是其头部的脑髓含量很高，可帮助改善记忆力。胖头鱼还有疏肝解郁的功能，最适合产后情绪不高的妈妈食用。

用法：可在午餐或晚餐时食用。

原料：胖头鱼鱼头 1 个，豆腐 100 克，鲜香菇 5 个，葱段、姜片、盐、料酒各适量。

做法：①将胖头鱼鱼头去鳃，由下巴处用刀切开，冲洗干净后沥去水分。②香菇洗净，切十字花刀；豆腐切块。③锅内放水置火上烧沸，将鱼头略烫一下。④将鱼头、香菇、葱段、姜片、料酒和清水放入锅内，开大火煮沸后撇去浮沫。⑤加盖改用小火炖至鱼头快熟时，放入豆腐，继续用小火炖至豆腐熟透。⑥放入少许盐调味，稍炖片刻即成。

豆腐含有丰富的钙，可以帮妈妈补钙。

胡萝卜小米粥

肉片炒蘑菇

一日食谱推荐

早餐

煮鸡蛋	1 个
豆腐丝	1 份
胡萝卜小米粥	1 碗

原料：胡萝卜 50 克，小米 30 克。

做法：①胡萝卜洗净，切成 1 厘米见方的块，备用。②小米洗净，备用。③将胡萝卜块和小米一同放入锅内，加清水大火煮沸。④转小火煮至胡萝卜绵软，小米开花即可。

产后宜忌

白天睡眠不宜过长

白天妈妈可以在同一时间段内休息，10~20 钟的小憩就能让精力充沛。但如果白天小憩时间超过这一长度，醒来后可能比小憩之前精神还差。宝宝每天大概要睡上 18~20 个小时，而妈妈则需要 8~10 个小时即可。

中餐

米饭	1 碗
银耳桂圆莲子汤	1 份
肉片炒蘑菇	1 份

原料：猪肉、蘑菇各 100 克，甜椒 1 个，葱段、姜片、盐、高汤各适量。

做法：①将猪肉、蘑菇、甜椒切成大小厚度差不多的薄片。②先热锅，加入油热至七成后放葱段和姜片炝锅，把肉片用小火煸炒。③放入蘑菇、甜椒，改大火翻炒。④加盐和一点点高汤，再加一点点油翻一下即可。

功效：蘑菇营养丰富，具有多种抗病保健作用，蘑菇中丰富的 B 族维生素可以抗疲劳、保持身体能量、调节神经肌肉活动、促进神经细胞发育，能够帮助产后妈妈保持良好心情。

桂圆芡实粥

产后 5 天的妈妈开始有精力去关注宝宝，神经每天都绷得紧紧的，夜里还总惦记要着给宝宝喂奶，这几天的睡眠质量开始有所下降，晚上入睡非常困难。

这时候应适量选择食用一些有助于调节神经功能的食品，如鱼、蛤蜊、虾、猪肝、猪腰、核桃、花生、苹果、蘑菇、豌豆、牛奶、蜂蜜等。

日间加餐

煮豌豆	1 份
西红柿鹌鹑蛋汤	1 份
香蕉	1 根

西红柿不仅有抗氧化的功能，还有提升免疫力的功能，此汤可以增强产后妈妈的抗病能力。

晚餐

菜心炒猪肝	1 份
海米紫菜汤	1 碗
桂圆芡实粥	1 碗

原料：桂圆、芡实各 15 克，糯米 30 克，酸枣仁 10 克，蜂蜜适量。

做法：①将糯米、芡实均洗净，放入锅中；在锅中加入桂圆和适量清水，用大火烧沸。②改用小火煮 25 分钟，再加入酸枣仁煮熟，食前调入蜂蜜即可。

晚间加餐

苹果	1 个
煮花生	1 份
牛奶	1 杯

睡前喝牛奶有利于钙的吸收利用，晚餐摄入的钙，睡前大部分被人体吸收利用，可以增强妈妈的体质，也对宝宝有益。牛奶中的钙还能清除紧张情绪，所以它对产后妈妈的睡眠更有益。

安神益智特效汤：蛤蜊豆腐汤

功效：蛤蜊含有蛋白质、脂肪、铁、钙、磷、碘等，可以帮助妈妈抗压舒眠。蛤蜊中的牛磺酸还是促进宝宝脑组织和智力发育必不可少的成分。

用法：可在晚餐时食用。

原料：蛤蜊 200 克，豆腐 100 克，葱花、姜片、盐各适量。

做法：①在清水中滴入少许的香油，将蛤蜊放入，让蛤蜊彻底吐净泥沙，冲洗干净，备用。②豆腐切成 1 厘米见方的小丁。③锅中放水、盐和姜片煮沸，把蛤蜊和豆腐丁一同放入。④转中火继续煮，蛤蜊张开壳，豆腐熟透后即可关火。

木瓜牛奶露

银鱼苋菜汤

剖宫产妈妈
一日食谱推荐

第 **5** 天

产后

早餐

三明治	1个
煎鸡蛋	1个
木瓜牛奶露	1杯

原料：新鲜木瓜100克，牛奶250毫升，冰糖适量。

做法：①木瓜洗净，去皮去子，切成细丝。②木瓜丝放入锅内，加适量的水，水没过木瓜即可，大火熬煮至木瓜熟烂。③放入牛奶和冰糖，与木瓜一起调匀，再煮至汤微沸即可。

> **产后宜忌**
>
> **牛奶需要多饮用**
>
> 牛奶中含有两种催眠物质：一种是色氨酸，另一种是对生理功能具有调节作用的肽类，肽类的镇痛作用会让人感到全身舒适，有利于解除疲劳并入睡，对于产后体虚而导致神经衰弱的妈妈，牛奶的安眠作用更为明显。

中餐

米饭	1碗
炒芥菜	1份
银鱼苋菜汤	1份

原料：银鱼、苋菜各100克，蒜末、姜末、盐各适量。

做法：①银鱼洗净、沥干水分，苋菜洗净，切成3厘米长的段。②油锅烧热，将蒜末和姜末爆香后，放入银鱼快速翻炒半分钟，再加入苋菜，炒至微软。③锅内加入清水，大火煮5分钟，出锅前放入盐调味即可。

功效：银鱼富含蛋白质、钙、磷，可滋阴补虚劳。缺磷的宝宝头发比较稀少，颜色发黄。哺乳妈妈多补充含磷的鱼肉，可让宝宝的头发更浓密。

虾皮豆腐

剖宫产妈妈因为失血过多，血虚肝郁，睡眠也很容易出现问题，尤其是生产后特别爱出虚汗。睡眠不足或严重失眠时乳汁分泌量都会减少；其次是由于长期失眠造成妈妈抑郁和焦急，这些不良情绪也会影响到宝宝。

剖宫产妈妈可在每晚睡觉前半小时，补充一杯热牛奶或是小米粥，帮助顺利入睡。

日间加餐

芹菜鸡蛋羹	1 份
核桃	2 个
香蕉	1 根

香蕉在人体内能帮助大脑制造一种化学成分——血清素，这种物质能刺激神经系统，给人带来欢乐、平静及瞌睡的信号，甚至还有镇痛的效果。

鸡蓉玉米羹可以帮助妈妈增强体力和耐力，预防产后贫血。

晚餐

小米粥	1 碗
糖醋里脊	1 份
虾皮豆腐	1 份

原料：豆腐 150 克，虾皮 20 克，酱油、盐、白糖、葱花、姜末、水淀粉各适量。

做法：①将豆腐切成小丁，焯一下；将虾皮洗净，剁成细末。②锅内放入葱花、姜末和虾皮爆香。③倒入豆腐丁，加入酱油、白糖、盐、适量水，烧沸，最后用水淀粉勾芡，出锅盛盘即可。

晚间加餐

苹果	1 个
葡萄干	10 粒
黑芝麻奶茶	1 份

黑芝麻有补肝肾、润五脏和通乳的作用，同时还有健脑益智的功效，可以帮助产后妈妈通乳和提供丰富的营养。

最佳助眠补品：鸡蓉玉米羹

功效：玉米中含有较多的谷氨酸，它能帮助和促进脑细胞进行呼吸，能清除体内废物。玉米中铜的含量也很高，有助于产后妈妈的睡眠。

用法：可在晚餐时食用。

原料：鸡胸肉 100 克，鲜玉米粒 50 克，鸡蛋 1 个，盐适量。

做法：①将鲜玉米粒洗净，备用。②鸡胸肉洗净，切成与玉米粒大小相同的丁。③把鸡蛋打成蛋液，备用。④把鲜玉米粒、鸡肉丁放入锅内，加上清水大火煮开，并撇出浮末。⑤加盖转中火再煮 30 分钟。⑥将打好的蛋液沿着锅边倒入，一边倒入一边进行搅动。⑦开大火将蛋液煮熟，放盐进行调味即可。

冰糖五彩玉米羹

当归红枣牛筋花生汤

一日食谱推荐

素菜包	1个
凉拌菜	1份
冰糖五彩玉米羹	1份

原料：嫩玉米粒 100 克，鸡蛋 2 个，豌豆 30 克，菠萝 20 克，枸杞子 15 克，冰糖、淀粉各适量。

做法：①将嫩玉米粒蒸熟；菠萝洗净，切丁；豌豆洗净。②锅中加入适量水，放入菠萝丁、豌豆、枸杞子、冰糖，同煮 5 分钟，用水淀粉勾芡，使汁变浓。③将鸡蛋打碎，撒入锅内成蛋花，烧开后即可食用。

功效：玉米中含有丰富的营养元素和膳食纤维，可以帮助产后妈妈防治便秘、健脾开胃。

产后宜忌

宜注意及时排尿

　　妈妈应该在产后 6~8 小时及时排尿，这是产后恢复期的一件大事。

黑芝麻白饭	1碗
清炒芥蓝	1份
当归红枣牛筋花生汤	1份

原料：牛蹄筋 100 克，花生仁 30 克，红枣 5 个，当归 5 克，盐适量。

做法：①牛蹄筋去掉肉皮，浸泡后洗净，切成细条；花生仁、红枣洗净，备用。②当归洗净，放进热水中浸泡 30 分钟，然后取出切薄片。③沙锅加清水，放入牛蹄筋、花生仁、红枣、当归，炖至牛筋烂熟，加盐调味即可。

产后宜忌

月子里应适当吃盐

　　饭菜里放少量的盐对产后妈妈是有益处的。在产后前几天里身体要出很多汗，乳腺分泌也很旺盛，体内容易缺水、缺盐，这时期让妈妈吃无盐饭菜，只会让妈妈食欲不佳，并感到身体无力，甚至还会影响乳汁的正常分泌。

第

天

花生红枣小米粥

产后妈妈有时会觉得"心有余而力不足"，总想帮忙干些什么，但浑身没劲儿，四肢乏力，懒洋洋地提不起精神来。失血、失眠、食欲不佳都在耗费着产后妈妈的精力。

此时要增加食物品种的多样性，变化食品的烹饪手法，争取多摄入一些高蛋白、高热量、低脂肪有利于吸收的食物。

日间加餐

饼干	1个
杏仁	5颗
葡萄粥	1碗

葡萄中的多量果酸有助于消化，适当多吃些葡萄，能健脾和胃。葡萄中含有矿物质钙、钾、磷、铁及蛋白质、多种维生素，对缓解产后妈妈疲劳大有裨益。

晚餐

竹笋炒肉片	1份
清炒鸡毛菜	1份
胡萝卜小米粥	1碗

小米是色氨酸含量高的食物，具有催眠作用。小米富含淀粉，进食后能使人产生温饱感。睡前半小时适量进食小米粥，能使妈妈轻松入睡。

晚间加餐

香蕉	1根
奶酪	1份
花生红枣小米粥	1碗

将花生与红枣配合食用，既可补虚，又能补血，可以使产后妈妈虚寒的体质得到调养。

抗疲劳明星粥：荔枝红枣粥

功效：荔枝肉含丰富的维生素 C 和蛋白质，有助于增强机体免疫功能，提高抗病能力，荔枝对大脑组织有补养作用，能明显改善失眠与健忘。

用法：可在午餐或晚餐时食用。

原料：干荔枝 30 克，红枣 5 个，粳米 100 克。

做法：①将粳米淘洗干净，用清水浸泡 30 分钟。②干荔枝去壳取肉，用清水洗净，备用；红枣洗净。③将粳米与干荔枝肉、红枣同放锅内，加清水，用大火煮沸。④转小火煮至米烂粥稠即可。

热性体质的妈妈
要少食荔枝。

红小豆黑米粥

益母草木耳汤

剖宫产妈妈
一日食谱推荐

产后

第 **6** 天

早餐

馒头	1 个
凉拌豆腐	1 份
红小豆黑米粥	1 碗

原料：红小豆、黑米、粳米各 50 克。

做法：①将红小豆、黑米、粳米分别洗净后，备用。②将红小豆、黑米、粳米放入锅中，加入足够量的水，用大火煮开。③转小火再煮至红小豆、黑米、粳米熟透后即可。

> **产后宜忌**
> **不能只喝汤不食肉**
>
> 产后的妈妈应该常喝些汤，如鸡汤、排骨汤、鱼汤和猪蹄汤等，以利于泌乳和恢复体力。肉的营养价值也很高，喝汤的同时也要吃些肉类，那种"汤比肉更有营养"的说法是不科学的。

中餐

米饭	1 碗
甜椒鸡丁	1 份
益母草木耳汤	1 份

原料：益母草、枸杞子各 10 克，木耳 20 克，冰糖适量。

做法：①益母草洗净后用纱布包好，扎紧口，备用。②木耳用清水泡发后，去蒂洗净，撕成碎片，备用。③枸杞子洗净，备用。④锅置火上，放入清水、益母草药包、木耳、枸杞子用中火煎煮 30 分钟。⑤出锅前取出益母草药包，放入冰糖调味即可。

功效：益母草有生新血去淤血的作用；木耳含有丰富的植物胶原成分，它具有较强的吸附作用，是妈妈排除体内毒素的好帮手。妈妈体内毒素减少，也会减少宝宝生病的概率。

西蓝花鹌鹑蛋汤

此时妈妈关注的焦点全放在宝宝身上了，经过出生前几天的脱水，宝宝开始增体重了，需要的供给也多了，妈妈自然把吃放在了首位。

此时，剖宫产妈妈要适当摒弃以前的饮食习惯，增加些肉类、甜品都可以。尽量要少食多餐，粗细搭配，品种多样，应季为主。

扫一扫，
看视频学做菜

日间加餐

小蛋糕	1个
苹果	1个
西蓝花鹌鹑蛋汤	1份

原料：香菇2朵，西蓝花150克，小西红柿5个，鹌鹑蛋4个，高汤、盐各适量。

做法：①西蓝花洗净，切小朵；鹌鹑蛋煮熟，剥皮待用；香菇洗净，切小丁；小西红柿洗净，切十字刀。②锅中加适量高汤烧开，放入西蓝花、鹌鹑蛋、香菇、小西红柿，同煮至熟，加盐调味即可。

晚餐

芝麻烧饼	1个
香菇肉片	1份
鲜滑鱼片粥	1碗

原料：粳米30克，猪骨50克，腐竹15克，草鱼净肉100克，淀粉、盐、姜丝各适量。

做法：①将猪骨、粳米、腐竹放入沙锅，加水用大火烧开，然后用小火慢熬，放入盐调味，拣出猪骨。②将草鱼切成片，用盐、淀粉、姜丝拌匀，倒入滚开的粥内即可。

晚间加餐

饼干	1块
腰果	5颗
黑芝麻米糊	1碗

原料：粳米20克，莲子10克，黑芝麻15克。

做法：①将粳米洗净，浸泡3小时；莲子、黑芝麻均洗净。②将粳米、莲子、黑芝麻放入豆浆机中，加水至上下水位线之间，按"米糊"键，加工好后倒出，即可。

芋头香糯可口，能增进妈妈的食欲。

补钙健体明星菜谱：芋头排骨汤

功效： 猪排骨中的磷酸钙、骨胶原、骨黏蛋白等，可为妈妈提供大量优质钙。芋头中有多种矿物质，能增强人体的抵抗能力。

用法： 可在午餐时食用。

原料： 排骨150克，芋头100克，葱段、姜片、盐、料酒各适量。

做法： ①芋头去皮洗净，切块成2厘米厚的块，上锅隔水蒸15分钟。②排骨洗净，切成4厘米长的段，放入热水中烫去血沫后，捞出备用。③先将排骨、姜片、葱段、料酒放入锅中，加清水，用大火煮沸，转中火焖煮15分钟。④拣出姜片、葱段，小火慢煮45分钟，再加入芋头同煮至熟，加盐调味即可。

蒜香空心菜

顺产妈妈一日食谱推荐

早餐

香蕉	1 根
拌木耳	1 碟
西红柿鸡蛋面	1 份

原料：西红柿 1 个，鸡蛋 2 个，挂面、盐、葱花各适量。

做法：①将西红柿洗净，用开水烫一下，去皮，切片，备用。②将鸡蛋打入碗中，用筷子充分搅拌，使鸡蛋起泡。③锅中放油，油开后放入葱花和鸡蛋液，让蛋凝成蛋花，盛出。④将西红柿倒入锅中炒烂，再将蛋花倒入，翻炒几下，加盐盛入碗中。⑤将面条放入沸水中，煮熟后捞入碗中，浇上适量的西红柿鸡蛋卤拌吃即可。

功效：西红柿具有生津止渴，健胃消食，补血养血和增进食欲的功效。

中餐

米饭	1 碗
香菇油菜	1 份
莲子猪肚汤	1 份

原料：猪肚 150 克，莲子 30 克，淀粉、姜、盐、料酒各适量。

做法：①姜洗净，切片备用。②莲子洗净去心，用清水浸泡 30 分钟。③猪肚用淀粉和盐反复揉搓，用水冲洗干净。④把猪肚放在沸水中煮一会儿，将里面的白膜去掉，并切成段。⑤将烫过的猪肚、莲子、姜片、料酒一同放入锅内，加清水煮沸，撇去锅中的浮沫。⑥转小火继续炖 2 个小时，加盐调味即可。

功效：猪肚为补脾胃之要品，莲子有健脾益气功效。此汤健脾益胃，补虚益气，易于消化。

晚餐

木樨肉	1 份
红小豆黑米粥	1 碗
蒜香空心菜	1 份

原料：空心菜 200 克，蒜、白糖、盐、香油各适量。

做法：①将空心菜洗净，切成段；蒜洗净，切成末。②水烧开，放入空心菜，烫熟后捞出沥干，将蒜末、白糖、盐和少量水调匀后，浇入热香油，拌成调味汁，将调味汁和空心菜拌匀即可。

产后宜忌

宜适度晒太阳

产后妈妈可以在家隔窗晒太阳，并做产后保健操，这样可以促进骨密度恢复，增加骨硬度。

腐竹粟米猪肝粥

产后第 7 天的妈妈精神状况大有好转，恶露的颜色也没有前几天那样鲜红了，伤口恢复得也不错，没有那么多烦心的事情来分心，胃口都跟着好起来了。宝宝的胃口也很好，一醒来就张着小嘴巴到处找妈妈，喂饱这个小可爱是妈妈非常艰巨的任务。

剖宫产妈妈一日食谱推荐

早餐

煮鸡蛋	1 个
牛奶	1 杯
三丁豆腐羹	1 份

原料：豆腐 100 克，鸡胸肉 50 克，西红柿 1 个，鲜豌豆、盐、香油各适量。

做法：①将豆腐切成块，在沸水中煮 1 分钟。②鸡肉洗净，西红柿洗净去皮，都切成小丁。③将豆腐块、鸡肉丁、西红柿丁、豌豆放入锅中，大火煮沸后，转小火煮 20 分钟。④出锅时加入盐，淋上香油即可。

功效：豆腐中丰富的大豆卵磷脂有益于神经、血管、大脑的发育生长，妈妈吃了，通过分泌乳汁，也可以给宝宝补脑。

中餐

米饭	1 碗
鸡蛋	1 个
三丝黄花羹	1 份

原料：干黄花菜 20 克，鲜香菇 5 个，冬笋、胡萝卜各 25 克，盐、白糖各适量。

做法：①将干黄花菜浸入温水中泡软，拣去老根洗净，沥干水。②鲜香菇、冬笋、胡萝卜均洗净，切丝。③锅内放油烧至七成热，放入黄花菜和冬笋、香菇、胡萝卜三丝快速煸炒。④加入适量清水、盐、白糖，用小火煮至黄花菜入味，完全熟透。

> **产后宜忌**
>
> **不宜马上禁食**
>
> 　　妈妈产后体重增加，主要为水分和脂肪，若给宝宝哺乳，必然要消耗体内的大量水分和脂肪，所以产后妈妈不仅不能节食，还要多吃营养丰富的食物，每天必须保证热量的摄入。

晚餐

肉片炒莴笋	1 份
豆腐青菜汤	1 碗
腐竹粟米猪肝粥	1 碗

原料：鲜腐竹、粟米粒各 20 克，猪肝 5 克，粳米 30 克，盐适量。

做法：①鲜腐竹洗净，切段；粳米洗净，浸泡 30 分钟。②猪肝洗净，在热水中稍烫一下后冲洗干净，切薄片，用少许盐腌制调味。③将鲜腐竹、粳米、粟米粒放入锅中，大火煮沸后，转小火慢炖 1 小时。④将猪肝放入锅中，转大火再煮 10 分钟，出锅前放少许盐调味即可。

功效：猪肝中含有的矿物质铁，是人体制造血红蛋白的基本原料；猪肝中含有维生素 B_{12}，是治疗产后贫血的必需营养素。

了解新生儿

成功分娩之后会让你大舒一口气，当你被送回病床，搂着新生的宝宝，在欣喜的同时肯定也会有很多的困惑：这个小不点，皮肤为什么这么皱？眼睛为什么睁不开？头怎么都变形了？新生宝宝是这样吗？

新生儿的头

有些新生儿出生时头发很多，有的可能头发很少。都没有关系，过一段时间就会长出新头发，头发多的可能还会脱落一些。刚出生时宝宝的头发并不能预示着以后头发的多少。有时宝宝的头部可能还会有血肿，可能有的还会增大，这可能是出生时受到骨盆挤压的结果，几个月后它们就会被吸收干净的。

新生儿的视觉、听觉和嗅觉

刚出生的新生儿就已经有了视力，但是还很有限，只能看清 20~25 厘米范围内的东西。在明亮的光线下他会眨眼，有时候你还会发现他看起来有点对眼，在 6 个月以内你还无需担心，这是因为他的眼部肌肉还没有发育好，但如果过了 6 个月还是这样，就需要去看眼科医生了。

如有突然的声响发生时，闭着眼睛的新生儿会立即睁眼或眨眼，这就说明新生儿的视力、听力都存在。

新生儿也有敏感的嗅觉和味觉，很喜欢妈妈身体的味道，因为这是他一直就熟悉的。

新生儿的囟门

新生儿头上有两个软软的部位，会随着呼吸一起一伏，这就是囟门，有利于分娩中必要的头部变形，这是颅骨尚未愈合的表现，不必担心轻轻碰一下就会伤害它们，因为上面覆盖着一层紧密的膜保护着。后部的囟门在 6~8 周完全闭合，而前囟门也会在 1~1 岁半闭合。

新生儿的皮肤

如果新生儿的皮肤看起来青一块紫一块的，有可能是着了凉，但是如果他穿得多了出汗多了也会出现皮疹。如果他的皮肤发干，特别是手和脚在 1~2 周内出现脱皮时，在洗澡时一定不要用沐浴液。

80% 正常新生儿都会出现生理性黄疸。一般在出生后两三天出现，宝宝皮肤呈浅黄色，尿稍黄，无不适表现，足月宝宝如果是人工喂养大多在 7~10 天消退，早产宝宝可能延至第 3~4 周消退。母乳喂养的宝宝生理性黄疸的时间比人工喂养的要长。若新生宝宝黄疸出现早，黄染程度发展快，黄染范围大，如扩展到四肢甚至手脚心，就意味着有可能是发生病理性黄疸，必须及早去医院诊治。

新生儿的生殖器官

新生的男宝宝或女宝宝通常还会有增大的乳房，在最初的两周内可能还会有乳汁分泌出来，一些女宝宝也可能会出现一点点阴道出血的症状，这些都是正常的，因为这是新生儿在子宫内通过胎盘接受到性激素的刺激，这种情况很快就会消失的。

新生儿的大小便

一般情况下，新生儿在24~48小时内就会有大小便了。有些宝宝刚开始的尿液可能像是砖红色，这是因为含有尿酸盐的缘故，不用担心。开始几天的大便颜色黑绿、黏稠、发亮，称为胎粪，以后颜色逐渐变淡。开始几天的小便也因为含有较多的尿酸盐而使颜色稍微发黄。

新生儿的脐带

一般在出生后1~2周，新生儿的脐带就会自动脱落并愈合。但是在未脱落之前，洗澡的时候要避免擦洗脐带的位置，如果出现流血现象，可用75%的酒精轻轻擦拭消毒。

你无需担心的其他现象

1. 新生儿的呼吸会很快，平均每分钟30~60次，好像不太规则，在晚上，呼吸的声音还比较明显，这也是正常的。他的心率也很快，每分钟100~160次，如果在他哭泣的时候，心跳可能会达到每分钟160~180次。

2. 有时你可能会在新生儿的脸上、鼻子上或其他部位发现有小米粒的东西，这就是粟粒疹，是一些没有成熟的油脂腺体造成的，一般不需要特别治疗，也不要使劲去擦拭它们，不久就会自动消失的。

3. 你可能会在新生儿的脖子、鼻梁、眼皮或其他部位发现有小小的毛细血管，这就是被称之为"天使之吻"的血管瘤，一般也无需治疗，大多数会在宝宝2周岁前自动消退。

4. 很多新生儿的背部或屁股上还会出现青紫色或褐色的斑块，这也被称为"胎记"，大多在1岁时就会变淡或完全消失。

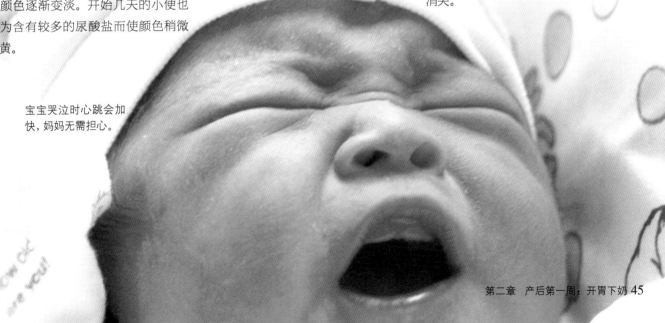

宝宝哭泣时心跳会加快，妈妈无需担心。

新妈妈的身体变化

胃肠已经慢慢适应产后的状况了。

子宫颈恢复到原来的形状，子宫颈内口慢慢关闭。

恶露明显减少，颜色也由暗红色变成了浅红色。

最初的便秘困扰少了许多。

伤口还会有隐隐的痛，但是没有第一周时强烈。

宝宝的成长发育

出生两周左右，会出现第一次微笑。

会哭着寻找帮助；被抱或看到人脸时会安静。

听见人的声音会注视人的面孔。

核桃红枣粥

羊肉汤

早餐

煮鸡蛋	1 个
苹果	1 个
核桃红枣粥	1 碗

　　核桃具有丰富的营养，含有多种营养素及钠、镁、锰、铜、硒等多种矿物质，可以健脑益智。

中餐

米饭	1 碗
清炒苦瓜	1 份
羊肉汤	1 份

　　羊肉能暖中补血，开胃健力，补脾胃，益肺肾。对于妈妈恢复体力有很好的效果。

一日食谱推荐

　　产后第 8 天的妈妈在情绪上和身体上都会有明显好转，已适应产后的生活规律，体力也在慢慢恢复。催乳是当前最重要的事情，由于宝宝在 1~6 个月内每天需要约 300 毫克的钙，所以妈妈的补钙也很重要。

羊肉汤

原料：羊肉 100 克，豌豆 20 克，萝卜 50 克，姜、盐、香菜、醋各适量。

做法：①羊肉和萝卜洗净，都切成小丁；洗净豌豆，将姜切片，备用。②将萝卜丁、羊肉丁、豌豆放入锅内放入适量清水大火烧开。③加入姜片改用小火炖 1 小时左右，等到肉熟烂，加入盐、醋和香菜调味即可。

第

天

紫菜汤

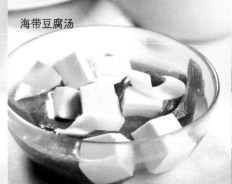
海带豆腐汤

阳春面

日间加餐

蛋卷	2个
草莓	5颗
紫菜汤	1份

　　紫菜含有丰富的维生素和矿物质，产后妈妈食用后可以滋补身体，促进体质恢复。妈妈恢复快，宝宝才健康。

晚餐

千层饼	1块
清炒黄豆芽	1份
海带豆腐汤	1份

　　豆腐中含有丰富的钙、蛋白质，海带中含碘、锌等矿物质。同时海带又有帮助妈妈排除毒素的功能。

晚间加餐

核桃	2个
山楂糕	1块
阳春面	1份

　　阳春面汤清味鲜，清淡爽口，含有蛋白质、脂肪、碳水化合物，能为产后妈妈提供必需的 B 族维生素和矿物质。

产后宜忌
多食蔬菜水果有好处

　　不少人认为蔬菜、水果水气大，产后妈妈不能吃，其实蔬菜水果如果摄入不够，易导致大便秘结，医学上称为产褥期便秘症。蔬菜和水果富含维生素、矿物质和膳食纤维，可促进胃肠道功能的恢复，增进食欲、促进糖分、蛋白质的吸收利用，特别是可以预防便秘，帮助达到营养均衡的目的。

海带豆腐汤
原料：豆腐 100 克，海带 50 克，盐适量。

做法：①将豆腐洗净，切成丁。②海带洗净，切成长 3 厘米，宽 1 厘米的条。③锅中加清水，放入海带并用大火煮沸，煮沸后改用中火将海带煮软。④然后放入豆腐丁，用盐调味，把豆腐煮熟即可。

产后宜忌
忌过早穿高跟鞋

　　产后要避免过早穿高跟鞋。过早穿高跟鞋会使身体重心前移，可通过反射涉及腰部，使腰部产生疼痛。

枸杞黑芝麻糊

荷兰豆烧鲫鱼

剖宫产妈妈
一日食谱推荐

早餐

面包	1 块
苹果	1 个
枸杞黑芝麻糊	1 碗

　　黑芝麻糊不但味道鲜美浓郁，而且有补血、通乳、润肠、养发等功效，非常适合哺乳妈妈食用。

中餐

小米饭	1 碗
虾仁西蓝花	1 份
荷兰豆烧鲫鱼	1 份

　　鲫鱼有健脾利湿，和中开胃，活血通络的功效，对产后妈妈有很好的滋补食疗作用。

产后

第 **8** 天

产后宜忌
不宜吃炸、辣、热的食物

　　剖宫产妈妈由于腹内突然减轻压力，腹肌松弛，肠蠕动缓慢，容易有便秘倾向，所以要少食或不食油炸、辛辣、燥热的食物。对于动物性食品，如畜、禽、鱼类的烹调方法以煮或蒸为最好。

荷兰豆烧鲫鱼

原料：荷兰豆30克，鲫鱼1条，黄酒、酱油、白糖、姜片、葱段、盐各适量。

做法：① 将鲫鱼洗净，去内脏和鱼鳞，洗的时候要把鱼鳞全部弄干净，鱼肚里也要洗净，免得汤有腥味。②将荷兰豆择去两端及筋，切成块，备用。③在锅中放入适量的油，烧热后，爆香姜片和葱段。④将鲫鱼放入锅中煎至呈金黄色。⑤加入黄酒、酱油、白糖、荷兰豆和适量的水，将鲫鱼烧熟，最后用盐调味即可。

三鲜豆腐汤

花生红小豆汤

红烧豆腐

日间加餐

蛋卷	2 个
草莓	5 颗
三鲜豆腐汤	1 份

　　三鲜豆腐汤具有益气通乳的作用，汤中不仅有来自动植物中的优质蛋白质，还鲜美可口，能增进产后妈妈的食欲。

晚餐

花卷	1 个
炒猪腰	1 份
花生红小豆汤	1 份

　　剖宫产时的失血会使妈妈有贫血的现象产生，红小豆有很好的补血作用。

晚间加餐

核桃	2 个
酸奶	1 杯
红烧豆腐	1 份

　　红烧豆腐具有养血益气、生津润燥、清热解毒的功效，其蛋白质含量丰富，有利于母体恢复。

产后宜忌

腌渍食物和酒不宜食用

　　产后妈妈要忌用腌渍食物和烟酒茶等刺激物。腌渍食物会影响产后妈妈体内的水钠代谢；烟中的尼古丁可减少乳汁的分泌；酒中的酒精，茶中的茶碱、咖啡因等成分，可以通过乳汁进入宝宝体内，造成宝宝兴奋不安，影响他的健康发育，所以要加以注意。

花生红小豆汤

原料：红小豆、花生仁各 30 克，糖桂花适量。

做法：①将新鲜红小豆与花生仁清洗干净，并用清水泡 2 小时。②将泡好的红小豆与花生仁连同清水一并放入锅内，开大火煮沸。③煮沸后改用小火煲 1 小时。④出锅时将糖桂花放入即可。

产后宜忌

不宜过早剧烈运动

　　产后不能过早剧烈运动，以免影响尚未康复的器官恢复和剖宫产刀口或侧切伤口的愈合。另外，产后还要避免长时间弯腰、久站、久蹲或是做重活，以防止子宫出血和子宫下垂，影响妈妈的体形恢复和身体健康。

嫩豌豆小米粥　　　　木瓜煲牛肉

一日食谱推荐

煮鸡蛋	1个
雪菜	1碟
嫩豌豆小米粥	1碗

原料：嫩豌豆30克，小米50克，红糖适量。

做法：①将嫩豌豆、小米用清水洗净，备用。②锅中放入清水，放入小米，烧沸。③改用小火，煮沸20分钟，放入嫩豌豆。④熬至豌豆、小米熟烂浓稠，加入红糖调味即可。

产后宜忌

多吃高蛋白质的食物

产后妈妈膳食的营养要求应是品种齐全，数量充足。只有这样，乳汁的质量才能满足宝宝的需要。所以，产后妈妈要注意吃高蛋白质的食物，如牛奶、鸡蛋、瘦肉、鱼、动物内脏、豆制品等，还要吃富含矿物质、维生素的食物，如各种蔬菜、瓜果。

米饭	1碗
芝麻拌菠菜	1份
木瓜煲牛肉	1份

原料：木瓜20克，牛肉100克，盐适量。

做法：①木瓜剖开，去皮去子，切成小块。②牛肉洗净，切成小块，再放入沸水中除去血水，捞出。③将木瓜、牛肉加水用大火烧沸，再用小火炖至牛肉烂熟后，加盐调味即可。

功效：木瓜具有补虚、通乳的功效，可以帮助产后妈妈分泌乳汁。木瓜中含有特殊的木瓜酵素，对肉类有很强的软化作用，利于人体吸收。妈妈吸收营养越快，宝宝就会越健康。

第

天

妈妈的身体仍然处于恢复阶段,尤其是子宫的恢复和浆性恶露的预防,要引起绝对的注意。此时,要多吃一些高蛋白质和补虚的食物。

桃仁莲藕汤

日间加餐

橙汁	1杯
面包	2片
苹果	1个

苹果可以帮助妈妈消化食物,更利于肠蠕动,而且苹果中含有多种维生素、矿物质、糖类等,是构成大脑所必需的营养成分,对提高宝宝的记忆力有益。

晚餐

馒头	1个
白菜肉片	1份
桃仁莲藕汤	1份

原料:桃仁10克,莲藕150克,盐适量。

做法:①莲藕洗净切片;桃仁去皮打碎,备用。②桃仁、莲藕放锅内,加水煮成汤。待桃仁、莲藕熟透,加适量盐调味即可。

晚间加餐

腰果	5颗
饼干	2块
猕猴桃红枣饮	1杯

猕猴桃营养丰富,是滋补果品。它含有丰富的维生素C,可强化免疫系统,促进伤口愈合和对铁质的吸收,利于产后妈妈的体力恢复。

催乳滋养特补佳品:猪蹄茭白汤

功效:猪蹄可以促进骨髓增长,猪蹄中的大分子胶原蛋白质,对皮肤具有特殊的营养作用。更有神奇作用的是这款汤可有效地增强乳汁的分泌,促进乳房发育。适用于妈妈产后乳汁不足或无乳,是传统的催乳佳品。

用法:可在午餐或晚餐食用。

原料:猪蹄150克,茭白50克,葱段、姜片、盐、料酒各适量。

做法:①猪蹄用沸水烫后刮去浮皮,去毛,冲洗干净。②将猪蹄与料酒、葱段、姜片一同放入锅内,大火煮沸。③煮沸后撇去汤中的浮沫,改用小火将猪蹄炖至酥烂。④放入茭白片,再煮5分钟,加入盐调味即可。

紫菜鸡蛋汤　　　　　海带焖饭

剖宫产妈妈
一日食谱推荐

早餐

花卷	1 个
香蕉	1 根
紫菜鸡蛋汤	1 份

原料：鸡蛋 2 个，虾皮 5 克，紫菜、盐、香油各适量。

做法：①将紫菜撕成片状，备用。②鸡蛋打成蛋液，加一点盐。③锅中倒入清水，水烧沸后放入虾皮煮一会儿，再把鸡蛋液倒进去搅拌成蛋花。④放入紫菜，煮 3 分钟。出锅前放入盐，滴入香油即可。

中餐

西红柿蛋汤	1 份
青椒肉丝	1 份
海带焖饭	1 碗

原料：粳米 100 克，水发海带 30 克，盐适量。

做法：①将粳米淘洗干净；海带洗净泥沙，切成小块。②锅中放入粳米和适量水，用大火烧沸后放入海带块，不断翻搅，烧煮 10 分钟左右，待米粒涨开，水快干时，加盐调味。③最后盖上锅盖，用小火焖 10~15 分钟即可。

功效：海带含有丰富的钙、膳食纤维和碘，为妈妈提供必需的矿物质。

产后宜忌

可以适量吃山楂

老人们说山楂有刺激作用，产后不宜吃。其实山楂对子宫有兴奋作用，可刺激子宫收缩，能促进排出子宫内的淤血，减轻腹痛。产后妈妈由于过度劳累，往往食欲不振、口干舌燥、饭量减少，如果适当吃些山楂，能够增进食欲、帮助消化，有利于身体康复。

莴笋肉粥

剖宫产妈妈要注意调节自己的情绪，不要着急，不要过分担忧，身体的恢复不是一朝一夕的事情，虽然这个过程中可能会忍受许多疼痛和痛苦，只要慢慢调养，会好起来的。此时，要多吃一些有助于排出淤血、增强免疫力的食物。

日间加餐

面包	1 块
猕猴桃	1 个
熟板栗	5 个

猕猴桃有解热、止渴、通乳的功效，常食对剖宫产术后恢复有利，产后妈妈每日可适当吃一些。

晚餐

千层饼	1 块
西红柿炒菜花	1 份
莴笋肉粥	1 碗

原料：莴笋 20 克，猪肉 50 克，粳米 30 克，盐、酱油、香油各适量。

做法：①将莴笋去皮洗净，切丝；猪肉洗净切末，加酱油和少许盐腌 10~15 分钟。②将粳米淘洗干净后加清水放入锅中煮沸。③加莴笋丝和猪肉末，用小火煮至熟透，加盐、香油调味即可。

晚间加餐

牛奶	1 杯
饼干	2 块
鸡子羹	1 碗

鸡子羹是用鸡蛋、阿胶煮成，含有丰富的营养。阿胶具有补血和止血的功效，对子宫出血具有辅助治疗作用。

补益增乳明星菜谱：乌鸡白凤汤

功效：乌鸡可以滋补肝肾、益气补血、滋阴清热、调经活血，特别是对产后妈妈的气虚、血虚、脾虚、肾虚等有良好的功效，它能帮助产后妈妈增乳补益，增强免疫力。

用法：可在午餐或晚餐食用。

原料：乌鸡 1 只，白凤尾菇 50 克，黄酒、葱段、姜片、盐各适量。

做法：①将乌鸡除去毛和内脏，洗净。②将姜片放入锅中，加入清水煮沸，放入乌鸡，加入黄酒、葱段、姜片，用小火焖煮至酥软。③放入白凤尾菇，煮沸几分钟，加入盐调味即可。

奶酪蛋汤　　　　　　　　　三丝木耳

一日食谱推荐

面包	2 片
苹果	1 个
奶酪蛋汤	1 份

原料：奶酪、西芹末、西红柿末各 20 克，鸡蛋 1 个、骨汤、盐、面粉各适量。

做法：①将奶酪与鸡蛋一同打散，用面粉调匀。②将骨汤烧开，加盐调味。③放入蛋液，最后撒上西芹末和西红柿末即可。

产后宜忌

适当补充体内的水分

　　妈妈在产程中和产后都会大量地排汗，再加上要给宝宝哺乳，而乳汁中 88% 的成分都是水，因此，产后妈妈要大量地补充水分，多喝开水。另外，喝汤是最好的既补充营养又补充水分的办法。

米饭	1 碗
鸡汤	1 份
三丝木耳	1 份

原料：木耳、甜椒丝、鸡肉丝各 20 克，猪瘦肉丝 100 克，姜丝、蛋清、盐、黄酒、水淀粉、香油各适量。

做法：①将木耳放入温水中泡开。②猪瘦肉丝和鸡肉丝分别加盐、黄酒、水淀粉和蛋清拌匀。③爆香姜丝，放入猪瘦肉丝和鸡肉丝翻炒。④炒至肉丝变色时，放入木耳、甜椒丝和少量水，加盐调味后煮沸。⑤最后用水淀粉勾芡，淋上香油即可。

功效：猪肉和鸡肉都是高蛋白食品，并且吸收率也很高，蛋白质是乳汁的重要成分，三丝木耳便有补虚增乳的作用。妈妈的乳汁充足，宝宝才能获得充足的营养。

第

天

香蕉豆奶汁

怎样才能分泌出营养、充足的乳汁？这是许多妈妈十分关心的问题。愉快的心情、规律的生活、健康的饮食都会有利于乳汁分泌。产后妈妈可以多吃一些催乳的食物，如银耳、鲜贝、虾仁等。

日间加餐

面包	2 片
苹果	1 个
白萝卜汤	1 份

白萝卜是低能量的食品，含有较多的膳食纤维、碳水化合物，还含有维生素 C、维生素 E 和钙、锌等营养素，有利于增强产后妈妈机体的抗病能力。

晚餐

馒头	1 个
红烧豆腐	1 份
鸡丁烧鲜贝	1 份

鸡肉中的蛋白质含量高，鲜贝含丰富的锌，这些成分不仅能起到催乳的作用，还可通过母乳将营养传递给宝宝。

晚间加餐

蛋卷	1 个
葡萄干	15 粒
香蕉豆奶汁	1 杯

香蕉豆奶汁清醇香甜，富含蛋白质、糖和果酸，具有润肠通便的功效。

明虾炖豆腐非常开胃，能提高妈妈的食欲。

扫一扫，看视频学做菜

通乳益气开胃佳品：明虾炖豆腐

功效： 虾营养丰富，肉质松软，易消化，对产后身体虚弱的妈妈是极好的进补食物。虾的通乳作用较强，对产后乳汁分泌不畅的妈妈尤为适宜。

用法： 可在午餐或晚餐食用。

原料： 虾、豆腐各 100 克，葱花、姜片、盐各适量。

做法： ①将虾线挑出，去掉虾须，洗净；豆腐切成小块。②锅内放水置火上烧沸，将虾和豆腐块放入烫一下，盛出备用。③另起锅，锅中加水，放入虾、豆腐块和姜片，煮沸后撇去浮沫，转小火炖至虾肉熟透，最后放入盐调味，撒上葱花即可。

肉丸粥

萝卜排骨汤

非哺乳妈妈
一日食谱推荐

早餐

煮鸡蛋	1个
桃	1个
肉丸粥	1碗

原料：五花肉50克，粳米30克，蛋清1个，姜末、葱花、盐、黄酒、淀粉各适量。

做法：①将粳米洗净备用。②五花肉洗净，剁成肉泥，加入葱花、姜末、盐、黄酒、蛋清和淀粉，并拌匀。③锅内放入粳米和适量清水，大火烧沸。④熬至粥将熟时，将肉泥挤成丸子状，放入粥内，熬至肉熟时即可。

功效：猪肉能为产后妈妈提供优质蛋白质和必需的脂肪酸，能够提供血红素铁和促进铁吸收的半胱氨酸，可以改善缺铁性贫血的症状。此外，肉丸粥还能改善产后妈妈的皮肤，避免皮肤干燥。

中餐

米饭	1碗
虾仁丝瓜	1份
萝卜排骨汤	1份

原料：猪排骨250克，白萝卜100克，姜片、葱花、盐、料酒各适量。

做法：①先把猪排骨洗干净，剁成小块，放入沸水中煮3~5分钟，倒少许料酒，煮到没有血水出来为止，捞出骨头洗净。②把排骨再次放入空锅中，放入姜片，加水没过排骨。③大火煮沸，2分钟后改小火慢炖。④白萝卜洗净，切细丝，放入已经炖成白色的排骨汤中，大火煮沸，改成中火。白萝卜炖熟后放入葱花，加盐即可。

> **产后宜忌**
> ## 茭白不宜多食
> 　　茭白含较多的膳食纤维、蛋白质、脂肪等，能补充营养，具有健壮机体的作用。但是由于茭白性寒，妈妈如果脾胃虚寒、大便不实，则不宜多食。

第 **10** 天

产后

清蒸鲈鱼

妈妈若患有比较严重的慢性疾病，如心脏病、肾脏病以及糖尿病等，都不太适合给宝宝进行哺乳。勉强坚持给宝宝进行母乳喂养，对妈妈与宝宝的健康都会有所影响。

日间加餐

核桃	2个
苹果	1个
蜂蜜牛奶芝麻饮	1杯

蜂蜜牛奶芝麻饮具有益气养血、润燥滑肠的功效，可以防止产后妈妈因气血虚而引起的便秘。

晚餐

千层饼	1块
西红柿土豆牛肉汤	1份
清蒸鲈鱼	1份

原料：鲈鱼1条，姜丝、葱丝、盐、料酒、酱油各适量。

做法：①将鲈鱼去除内脏，收拾干净，洗净，擦净鲈鱼身上多余水分放入蒸盘中。②将姜丝、葱丝放入鱼盘中，加入盐、酱油、料酒。③大火烧开蒸锅中的水，放入鱼盘，大火蒸8~10分钟，鱼熟后立即取出，即可。

晚间加餐

香蕉	1根
饼干	1块
香芋桂花汤	1份

香芋营养丰富，有散积理气、解毒补脾的功效。此汤味道清香，能够增进产后妈妈的食欲。

萝卜对伤口恢复和排气都有好处。

提食欲补钙质佳品：白萝卜蛏子汤

功效：这款萝卜蛏子汤可以有效增强妈妈的食欲，蛏子内的钙含量很高，也是帮助妈妈补钙的很好的食品。妈妈吃得好，宝宝更健康。

用法：可在午餐或晚餐食用。

原料：白萝卜50克，蛏子100克，葱段、姜片、蒜末、盐、料酒各适量。

做法：①将蛏子洗净，放入清水中泡2小时。②蛏子入沸水中略烫一下，捞出剥去外壳。③把白萝卜削去外皮，切成细丝。④锅内放油烧热，放入葱段、蒜末、姜片炒香后，倒入清水、料酒。⑤将剥好的蛏子肉、萝卜丝一同放入锅内炖煮。⑥汤煮熟后，放入盐，即成。

黄花菜粥

冬瓜羊肉汤

一日食谱推荐

早餐

豆沙包	1个
苹果	1个
黄花菜粥	1碗

原料：鲜黄花菜20克，糯米30克，猪肉末、盐、香油各适量。

做法：①将新鲜黄花菜洗净，用沸水煮透捞起；糯米淘洗干净，备用。②将糯米放入锅中，加清水烧开，转小火熬煮，待米粒煮开花时放入猪瘦肉末、黄花菜。③最后放入盐调味，淋上香油即可。

功效：黄花菜粥可以改善产后妈妈肝血亏虚所致的健忘失眠，头目眩晕，小便不利，水肿，乳汁分泌不足，能够使妈妈更好地恢复健康，为哺育宝宝做好准备。

中餐

米饭	1碗
醋熘白菜	1份
冬瓜羊肉汤	1份

原料：冬瓜、羊肉各100克，香菜、香油、盐、葱段、姜片各适量。

做法：①羊肉切成块，在沸水中焯烫透。②冬瓜去皮、去瓤后洗净切块。③在锅中加清水，烧开后放入羊肉、葱段、姜片，炖至八成熟时，放入冬瓜，炖至烂熟时，加盐调味，撒上香菜，淋上香油即可。

产后宜忌

不宜吃辛辣温燥的食物

　　辛辣温燥食物可助内热，而使妈妈虚火上身，食用后很可能出现口舌生疮、大便秘结或痔疮等症状。而且母体内热可通过乳汁影响到宝宝，使宝宝内热加重。因此，妈妈饮食宜清淡，以保护尚还虚弱的脾胃。

第

天

排骨汤面

哺乳妈妈在催乳的同时，不要忘了预防贫血，增强抗病的能力。此时，要避免吃一些辛辣的食物，如大蒜、辣椒、茴香等，保护尚还虚弱的脾胃。

日间加餐

水果沙拉	1份
杏仁	5颗
银耳雪梨汤	1份

银耳雪梨汤是由雪梨、银耳、枸杞子制成，营养丰富，清甜可口，可以缓解上火引起的口干、便秘等状况，是吃多了油腻食物的哺乳妈妈的爽口汤品。

晚餐

鸡蛋炒豆腐	1份
拍黄瓜	1份
排骨汤面	1份

原料：猪排骨50克，面条、盐、葱段、姜片、料酒、白糖各适量。

做法：①排骨剁成长段。②将葱段、姜片放入油锅中，倒入排骨，加料酒、盐，煸炒至排骨变色，加适量水烧沸。③转中火煨至排骨熟透，放入白糖调味。④将面条煮熟透后挑入碗中，倒入排骨和汤汁即可。

晚间加餐

饼干	2块
香蕉	1根
紫苋菜粥	1碗

紫苋菜中的钙、铁含量比较多，尤其适合哺乳妈妈补充矿物质。

养气补虚通乳佳品：黄花菜鲫鱼汤

功效：此汤有养气益血、补虚通乳的作用，是帮助哺乳妈妈分泌乳汁、清火解毒的佳品。

用法：可在午餐或晚餐食用。

原料：鲫鱼1条，干黄花菜15克，盐、姜片各适量。

做法：①鲫鱼洗净，去掉鱼肚子里面的黑膜，用姜和盐稍微腌制片刻。②黄花菜用温水泡开，用凉水冲洗；把鲫鱼用水冲洗一下，稍稍沥干。③将鲫鱼放入油锅中煎至两面发黄，倒入适量开水，放入姜片、黄花菜，用大火稍煮。④放入盐，再用小火炖至黄花菜熟透即可。

虾皮粥

红枣香菇炖鸡

非哺乳妈妈
一日食谱推荐

早餐

花卷	1个
煮鸡蛋	1个
虾皮粥	1碗

原料：虾皮 15 克，粳米 50 克，韭菜、盐各适量。

做法：①将粳米淘洗干净；虾皮用水浸泡洗净，备用。②韭菜除去老叶，用水清洗，切成小段。③将粳米入锅熬至粳米开花时，加入虾皮、韭菜、盐，稍微煮一会儿即可。

产后宜忌
不宜吃零食

　　怀孕前的妈妈如有吃零食的习惯，在产后也要谢绝零食的摄入。大部分的零食配方都含有较多的盐分和糖分，有些还是经过高温油炸过的，并加有食用色素，所以妈妈对于这些零食要敬而远之。

中餐

米饭	1碗
清炒黄瓜	1份
红枣香菇炖鸡	1份

原料：田七 5 克，香菇 10 克，鸡肉 150 克，红枣 6 个，姜片、盐各适量。

做法：①将田七洗净；香菇洗净，用温水泡发；红枣洗净，备用。②把鸡肉洗净，斩块。③将鸡肉、田七、香菇、红枣放入沙锅中，加入姜片和适量水，小火慢炖。④待鸡肉烂熟，放入盐调味即可。

产后宜忌
尽量不要碰触冷水

　　坐月子期间，应该注意尽量少接触冰凉、寒冷的环境。偶尔碰碰凉水并不会有很大的害处，但是，建议产后妈妈不要频繁地使用凉水。同时，也要避免经常开冰箱门，冰箱里冒出的凉气可能会让身体着凉感冒。

鸡血豆腐汤

非哺乳妈妈的进补要格外用心和注意，除了要增加全面的营养补充体力外，还可适当增加帮助妈妈回乳的食物，以避免补得太过，容易引起内热。补充的热量也要相应低一些，以便于妈妈产后身材的恢复。

日间加餐

香蕉	1根
蛋卷	2个
百合炖雪梨	1份

百合炖雪梨有润燥清热的作用，可以缓解非哺乳妈妈在恢复期间饮食的油腻感。

另外，梨性寒，一次不宜吃多。产后妈妈也不能生吃梨，最好煮一下吃。

晚餐

馒头	1个
茭白炒肉	1份
鸡血豆腐汤	1份

原料：鸡血、豆腐各100克，香油、葱段、酱油、盐各适量。

做法：①将鸡血切块、洗净；豆腐切块，放入开水中稍烫，捞出沥干水分。②将鸡血和豆腐放入锅中煮，待豆腐浮起时放入葱段和酱油，烧沸，最后加盐、香油调味即可。

晚间加餐

酸奶	1杯
腰果	4个
南瓜百合粥	1碗

百合含有淀粉、蛋白质、钙、磷等营养成分，具有清脾除湿、补中益气、清心安神的功效，可以帮助非哺乳妈妈缓解精神紧张。

补充蛋白质营养炖品：黄芪枸杞母鸡汤

功效：母鸡肉蛋白质的含量比例较高，而且消化率高，很容易被人体吸收利用。母鸡肉含有对人体生长发育有重要作用的磷脂类，是产后膳食结构中脂肪和磷脂的重要来源之一。而且吃炖母鸡肉可回乳。

用法：可在午餐或晚餐食用。

原料：黄芪、枸杞子各10克，母鸡肉200克，红枣5个，姜片、盐、米酒各适量。

做法：①将黄芪、枸杞子、姜片洗净并放入调料袋内。②母鸡肉切成小块，放入沸水中烫一会儿，捞出洗净。③将母鸡块、红枣和调料袋一起放入锅内，加清水。④大火煮开后，改小火焖炖1小时，出锅前加盐、米酒调味即可。

鸡汤面疙瘩　　　　　　　　豌豆炖鱼头

一日食谱推荐

早餐

苹果	1个
海带丝	1份
鸡汤面疙瘩	1份

原料：白面100克，鸡汤3杯，蛋清2个，油菜、葱花、盐、料酒各适量。

做法：①白面加蛋清和适量清水调成面糊，备用；油菜洗净。②锅中加清水，烧沸后用不锈钢漏勺的圆眼将面糊过滤，淋在沸水中，煮5分钟，捞出装在碗里。③将适量植物油倒入锅中，放入葱花爆香，放入料酒，再放入鸡汤、油菜、盐烧沸后，倒入面碗中即可。

功效：鸡汤、蛋清都可以为哺乳妈妈提供大量优质的蛋白质，面粉可以提供足够的碳水化合物，通过妈妈，可以为宝宝补充能量，促使他健康成长。

中餐

米饭	1碗
香菇油菜	1份
豌豆炖鱼头	1份

原料：豌豆、蘑菇各30克，胖头鱼鱼头1个，料酒、姜汁、盐、葱末各适量。

做法：①鱼头、鱼骨洗净；豌豆、蘑菇分别泡发洗净。②锅中放油烧热后放入葱末、鱼头翻炒，然后放入料酒、清水、姜汁、盐。③烧沸后放入豌豆、蘑菇，小火煮熟，即可。

产后宜忌

不宜吃巧克力

产后妈妈不宜多吃巧克力，因为巧克力中所含的可可碱能够进入母乳，被婴儿吸收并蓄积在体内。久而久之，可可碱会损伤婴儿的神经系统和心脏，并使肌肉松弛，排尿量增加，导致婴儿消化不良，睡觉不稳，爱哭闹。

第

天

黄花菜瘦肉汤

哺乳妈妈要吃通乳补血的食物，黄花菜、牛肉、豆浆、红枣等都是不错的选择。需要注意的是，要辨清食物的作用，不要吃麦芽等回乳食物，以免影响宝宝的营养。

日间加餐

糖醋萝卜	1 份
熟板栗	3 颗
黄花菜瘦肉汤	1 份

黄花菜和猪瘦肉都有养气益血、补虚通乳的作用，特别适合哺乳妈妈在产后气血不足所致的乳汁缺乏时食用。

晚餐

小米粥	1 碗
彩椒牛肉丝	1 份
酿茄子	1 份

茄子含有蛋白质、脂肪、碳水化合物、维生素以及钙、磷、铁等多种营养成分，特别是维生素 P 的含量很高。维生素 P 能保护心血管，这种物质能增强人体细胞间的粘着力，增强毛细血管的弹性，保持正常的生理功能。

晚间加餐

面包	2 片
苹果	1 个
豆浆	1 杯

豆浆中的易吸收的铁质可以预防妈妈产后缺铁性贫血。豆浆中的不饱和脂肪酸等物质可以增强妈妈的免疫力，通过乳汁的分泌可以促进宝宝脑部的发育。

养气补锌通乳佳品：牛肉粉丝汤

功效：因乳汁分泌的关系，哺乳妈妈对铁和锌的需求比一般人高，而牛肉蛋白质中人体必需的氨基酸很多，同时富含铁和锌。牛肉中的锌比植物中的锌更容易吸收，所以，这是一道高钙、高铁、高锌、高蛋白质的营养配餐，适合给哺乳妈妈补充营养。

用法：可在午餐或晚餐食用。

原料：牛肉 100 克，粉丝 50 克，盐、料酒、淀粉、香油各适量。

做法：①将粉丝放入水中，泡发，备用。②牛肉切薄片，加淀粉、料酒、盐拌匀。③锅中加适量清水，烧沸，放入牛肉片，略煮。④放入水发好的粉丝，中火煮 5 分钟。⑤放入盐调味后，盛入碗中，淋上香油即可。

放入虾同煮，通乳作用更好。

麦芽粥

海参木耳小豆腐

非哺乳妈妈
一日食谱推荐

第

产后

12

天

早餐

凉拌菜	1 份
煮鸡蛋	1 个
麦芽粥	1 碗

原料：粳米、生麦芽、炒麦芽各 30 克，红糖适量。

做法：①粳米洗净，用清水浸泡 30 分钟。②将生麦芽与炒麦芽一同放入锅内，加清水大火煎煮，去渣取汁。③将粳米放入锅中与麦芽汁一起煮。④煮到粳米完全熟时，加入红糖即可。

产后宜忌

不宜服用鹿茸

　　鹿茸对于子宫虚冷、不孕等妇科阳虚病症具有较好的作用。因此，很多人认为产后服用鹿茸会有利于产后妈妈身体康复。但产后妈妈在产后容易阴虚亏损、阴血不足、阳气偏旺，如果服用鹿茸会导致阳气更旺，阴气更损，造成血不循经等阴道不规则流血症状。

中餐

米饭	1 碗
西葫芦炒鸡蛋	1 份
海参木耳小豆腐	1 份

原料：泡发海参、豆腐各 50 克，干木耳 10 克，芦笋、胡萝卜、葱末、姜末、黄瓜、盐、水淀粉各适量。

做法：①海参洗净切丁；木耳泡发后切碎；胡萝卜、芦笋分别洗净切丁；黄瓜洗净，切片。②用开水将海参焯熟捞出；再焯熟芦笋丁捞出。③油锅烧热，爆香葱末、姜末，放入胡萝卜丁、海参和木耳，加入适量水。④烧沸后倒入豆腐丁、芦笋丁、黄瓜片，加盐调味，最后用水淀粉勾芡即可。

功效：海参胆固醇低，脂肪含量相对少，是典型的高蛋白、低脂肪、低胆固醇食物。海参中矿物质钒的含量居各种食物之首，可参与血液中铁的输送，增强造血功能，改善产后妈妈的贫血症状。

南瓜虾皮汤

非哺乳妈妈忙于回乳的同时，也要适当进补，毕竟经过那么漫长的产程，身体的恢复也不是一蹴而就的事情。选择低脂、低热量，但是滋补功能强的食物作为有益的补充，也是必要的。

日间加餐

饼干	2块
草莓	5颗
南瓜虾皮汤	1份

南瓜中含有丰富的胡萝卜素，可转变成维生素A。而虾皮中含有丰富的蛋白质和矿物质，非哺乳妈妈食用后不仅能强身，还能够明目。

晚餐

蚝油菜花	1份
玉米粥	1碗
红烧牛腩	1份

牛肉富含蛋白质，其氨基酸组成更接近人体需要，能补充失血、修复组织、补中益气、强健筋骨、提高机体抗病能力。

晚间加餐

面包	2片
杏仁	5颗
米酒冲蛋	1份

米酒有活络通经、补血生血的功效，并且能够增进食欲、帮助消化。米酒冲蛋很适合作为产后调养的食物，可帮助非哺乳妈妈恢复体力。

健脾补身明星菜谱：木瓜鲈鱼汤

功效： 木瓜能健脾胃，助消食，并能润肺燥；鲈鱼可以健身补血、健脾益气，非哺乳妈妈食用后能滋补身体，强健体质，又不会造成营养过剩而导致肥胖。

用法： 可在午餐或晚餐食用。

原料： 木瓜150克，鲈鱼1条，红枣5个，姜、盐各适量。

做法： ①鲈鱼去鳞、鳃、内脏，洗净，切块；木瓜去皮、子，洗净，切块；姜切片；红枣洗净，备用。②在油锅中爆香姜片，将鲈鱼放入锅中，两面煎至金黄色，盛起。③另起锅，放入木瓜爆炒5分钟。④将适量清水放入沙锅中，烧沸后放入鲈鱼、木瓜和红枣，大火烧沸后用小火煲20分钟，最后加盐调味即可。

鱼冷水下锅，煮出来的汤才白。

西红柿鸡蛋羹

黄豆猪蹄汤

一日食谱推荐

花卷	1 个
牛奶	1 杯
西红柿鸡蛋羹	1 份

原料：鸡蛋 2 个，西红柿 1 个，葱花、盐、酱油、香油各适量。

做法：①西红柿用沸水烫一下，去皮，切成丁。②将鸡蛋打散，加盐搅拌，再加入适量温水和西红柿丁拌匀。③放在锅上，用中火隔水蒸，取出时，撒上葱花。④将香油放在锅里加热，倒入酱油拌匀，然后起锅浇在蛋羹上即可。

功效：西红柿中含有蛋白质、脂肪、碳水化合物、钙、磷、铁及维生素 A、维生素 C、B 族维生素、烟酸等营养成分。烟酸是人体组织中极其重要的递氧体，能促进新陈代谢，此外，它还可以保护心脏。西红柿鸡蛋羹是很不错的哺乳食品。

米饭	1 碗
清炒油麦菜	1 份
黄豆猪蹄汤	1 份

原料：黄豆 100 克，猪蹄 1 只，葱段、姜片、盐、料酒各适量。

做法：①将黄豆放入水中浸泡 1 小时，备用。②猪蹄用沸水烫后拔净毛，刮去浮皮。③将适量清水倒入沙锅中，放入猪蹄、黄豆、葱段、姜片、料酒。④用大火烧开，撇去浮沫，然后改用小火，炖至猪蹄熟烂。加入盐调味即可。

产后宜忌

不宜吃味精

　　味精的主要成分是谷氨酸钠，会通过乳汁进入宝宝体内，与宝宝血液中的锌发生特异性结合，随尿液排出体外。这样会导致宝宝缺锌。

第

天

苹果粥

催乳虽是当前最重要的事情，但是哺乳妈妈补钙的问题也不能忽视，因为宝宝需要大量的钙质。

日间加餐

核桃	2个
苹果	1个
黑豆粥	1碗

黑豆营养丰富，含有人体必需的维生素 B_1、维生素 B_2、维生素 C、烟酸和矿物质铁、锰、锌、铜、钼、硒等，是营养丰富的保健佳品。

晚餐

米饭	1碗
紫菜蛋汤	1份
炖带鱼	1份

带鱼有暖胃、补虚、润肤的功效，适于体质虚弱的产后妈妈食用。

产后宜忌
不宜在饭前吃苹果

妈妈们尽量不要在饭前吃苹果，否则会影响正常的进食及消化。

晚间加餐

杂粮饼干	2块
奶酪	1份
苹果粥	1碗

苹果可解除忧郁，减轻压抑，滋润皮肤，保护血管。苹果中的维生素 C，可以滋养皮肤，使其保持光润和弹性，并能增强人体的抵抗力，保护微血管，促进伤口愈合。晚上喝一碗苹果粥可解除哺乳妈妈忧郁和压抑感。

补气催乳明星佳品：红小豆花生乳鸽汤

功效： 此汤营养丰富，不仅可以帮助哺乳妈妈分泌乳汁，还能促进妈妈的伤口愈合，预防贫血。妈妈健壮，宝宝才健康。

用法： 可在午餐食用。

原料： 红小豆、花生仁、桂圆肉各30克，乳鸽1只，盐适量。

做法： ①红小豆、花生仁、桂圆肉洗净，浸泡。②乳鸽宰杀后洗净，斩块，在沸水中烫一下，去除血水。③在沙锅中放入适量清水，烧沸后放入乳鸽肉、红小豆、花生仁、桂圆肉，用大火煮沸后，改用小火煲，等熟透后加盐调味即可。

奶香麦片粥　　　　　　　　油菜蘑菇汤

扫一扫，
看视频学做菜

非哺乳妈妈
一日食谱推荐

第

产后

13

天

早餐

煮鸡蛋	1 个
凉拌菜	1 份
奶香麦片粥	1 碗

原料：粳米 30 克，牛奶 250 毫升，麦片、鲜汤、白糖各适量。

做法：①将粳米洗净，加入适量水浸泡 30 分钟，之后捞出，控水。②在锅中加入鲜汤，放入粳米，大火煮沸后转小火煮至米粒软烂黏稠。③将稠粥放入饭锅中，加入鲜牛奶，煮沸后加入麦片、白糖，拌匀，盛入碗中即可。

功效：麦片含有丰富的可溶性与不溶性膳食纤维，能够促进肠道消化，更好地帮助身体吸收营养物质。膳食纤维还能帮助非哺乳妈妈对糖、脂肪、蛋白质的代谢，并令人食后有饱腹感，减少能量的过多摄入。

中餐

米饭	1 碗
猪肉苦瓜丝	1 份
油菜蘑菇汤	1 份

原料：油菜心 100 克，香菇 30 克，鸡油、盐、香油各适量。

做法：①将油菜心洗净，从根部剖开；香菇洗净，切块，备用。②将鸡油烧至八成熟，放入油菜心煸炒，之后加入适量水，放入香菇、盐，用大火煮几分钟，最后淋上香油即可。

产后宜忌
月子里宜刷牙

　　产后妈妈在月子里每天要进食大量的糖类、高蛋白食物，容易为牙菌斑形成提供条件。如果不刷牙，就会使这些食物的残渣留在牙缝中，在细菌作用下发酵、产酸、导致牙齿脱钙，形成龋齿或牙周病，并引起口臭、口腔溃疡等。所以产后妈妈在月子里一定要刷牙漱口。

山药羊肉奶汤

非哺乳妈妈在回乳时，不要忘了增加全面的营养补充体力，以便妈妈身体的康复。

日间加餐

苹果	1 个
面包	1 片
红枣花生桂圆泥	1 份

红枣花生桂圆泥开胃醒脾，补血止血，可以预防非哺乳妈妈因营养不良而引起的贫血。

晚餐

馒头	1 个
香菇油菜	1 份
山药羊肉奶汤	1 份

原料：羊肉 100 克，牛奶 250 毫升，山药 30 克，姜片、盐各适量。

做法：①将羊肉洗净，切成块；山药去皮，洗净，切成片，备用。②将羊肉和姜片放入沙锅中，加适量清水和盐，用小火炖熟。③另取沙锅，放入山药和牛奶，倒入羊肉汤将山药煮熟即可。

晚间加餐

熟板栗	3 颗
腰果	10 个
木瓜酸奶汁	1 份

酸奶富含蛋白质和钙质，容易被人体吸收。木瓜的膳食纤维含量多，可以促进肠胃蠕动，有助于排出体内废物。木瓜酸奶汁既能调节非哺乳妈妈的胃口，又能助消化。

补血滋补美味菜谱：口蘑腰片

功效：猪腰具有补肾强身的作用，它还具有较高的含铁量，极容易被人体吸收，有利于产后补血。有的猪腰会有腥味，在烧猪腰时加入适量的黄酒可以消除，如果猪腰非常腥，再少放一些醋，就可以全部清除猪腰的腥味了。

用法：可在午餐或晚餐食用。

原料：猪腰 100 克，茭白 50 克，口蘑 30 克，葱花、姜片、黄酒、盐、淀粉、香油各适量。

做法：①猪腰撕去外皮膜，切成片，去掉腰臊，切花刀，洗净。②沥干水分后加黄酒、盐、淀粉拌匀；茭白、口蘑洗净，切片，备用。③爆香姜片，放入猪腰翻炒，再放入茭白、口蘑，加入黄酒、盐。④放入适量水，待沸后淋上香油，撒上葱花即可。

鸭血豆腐

哺乳妈妈一日食谱推荐

早餐

煮鸡蛋	1个
炝炒圆白菜	1份
红枣银耳粥	1碗

原料：干银耳15克，红枣8个，冰糖适量。

做法：①干银耳用温水泡发；红枣洗净，去核，备用。②在锅中放入清水，将红枣和银耳一同放入锅中用大火烧沸。③然后改用小火，加入适量冰糖，煮开即可。

功效：银耳是一种珍贵的食用菌和滋补佳品，含有蛋白质、碳水化合物、膳食纤维等物质，其含有的酸性黏多糖可以增强产后妈妈的免疫功能，提高对外界致病因子的抵抗力。

中餐

米饭	1碗
花生红小豆汤	1份
肉末炒菠菜	1份

原料：猪瘦肉50克，菠菜200克，盐、白糖、熟鸡油、水淀粉各适量。

做法：①将猪瘦肉剁成末，菠菜洗净，切段。②锅内烧开适量的水，烧沸后放入菠菜焯至八成熟，捞起沥干水，备用。③另用锅将猪瘦肉末用小火翻炒，再加入菠菜，放盐和白糖调味。④用水淀粉勾芡，淋上熟鸡油即可。

功效：菠菜含相当丰富的铁质和胡萝卜素，能增强抵抗传染病的能力；猪肉能够为哺乳妈妈提供血红素铁和促进铁吸收的半胱氨酸，改善缺铁性贫血。

产后宜忌

不宜多食用酱油

酱油中含较多的钠，含盐达25%~33%，食物太咸会妨碍泌乳。酱油腌渍的食物或熟肉都不宜作为哺乳妈妈的食物，以免减少泌乳。所以，产后妈妈要少食用酱油。

晚餐

千层饼	1块
香菇肉片	1份
鸭血豆腐	1块

原料：鸭血50克，豆腐100克，高汤、胡椒粉、醋、盐、水淀粉各适量。

做法：①将鸭血和豆腐切成细的条状，备用。②将高汤放入锅中煮沸。③将鸭血和豆腐放入高汤中炖熟。④最后加上胡椒粉、醋、盐调味，用水淀粉勾芡即可。

功效：豆腐可以为哺乳妈妈提供钙质，强化骨质；鸭血能满足哺乳妈妈对铁质的需要。鸭血豆腐的酸辣口感不仅能满足妈妈的食欲，还能促进钙质的吸收。

红烧牛肉面

无论是哺乳妈妈还是非哺乳妈妈，进补一定不能掉以轻心。恢复元气不是一朝一夕，每天一定要按时定量进餐，补充全面的营养。

非哺乳妈妈一日食谱推荐

早餐

馒头	1个
鹌鹑蛋	2个
薏米南瓜浓汤	1份

原料：薏米20克，南瓜100克，洋葱、奶油、盐各适量。

做法：①薏米洗净，用水泡软后，放入榨汁机中打成薏米泥，倒出，备用；南瓜、洋葱都切成丁，备用。②将奶油放入锅中融化后，加入洋葱丁炒香，之后放入南瓜丁，加适量水煮透；倒入榨汁机中，加适量水，打成泥状。③将洋葱南瓜泥和薏米泥倒入锅中用大火煮沸后，改用小火，煮约3分钟，等其化成浓汤状后，加盐调味，即可。

功效：薏米含有多种维生素和矿物质，有促进非哺乳妈妈的新陈代谢，减少妈妈胃肠负担的作用，还能增强免疫力，让产后妈妈快速恢复身体。

中餐

米饭	1碗
海带排骨汤	1份
百合炒肉	1份

原料：百合80克，猪里脊肉300克，鸡蛋1个（取蛋清），盐、水淀粉各适量。

做法：①猪里脊肉洗净，切片；百合洗净。②将百合、肉片用盐、蛋清抓匀，加水淀粉搅拌均匀。③油锅烧热，放入备好的肉片百合，翻炒至熟，加盐调味即可。

产后宜忌

产后宜保护乳房

产后妈妈的睡卧姿势不当会引起乳房的不适，造成乳房疼痛，甚至引发炎症。这就要求妈妈在睡卧时要事先做好保护乳房的工作。要做到：不俯卧；侧身而睡时切勿使乳房受压；睡眠当中勿穿过于瘦小的内衣；不可让宝宝含着乳头睡觉。

晚餐

香蕉	1个
凉拌土豆丝	1份
红烧牛肉面	1份

原料：牛肉50克，面条100克，西红柿1个，葱段、姜丝、酱油、冰糖、盐各适量。

做法：①将西红柿去皮，切片。②将葱段、姜丝、盐、冰糖、酱油放入沸水中，用大火煮4分钟，制成汤汁。③将牛肉、西红柿放入汤汁中，用中火将牛肉煮熟，然后将牛肉取出切片。④将面条放入汤汁中，大火煮沸后，盛入碗中，放入牛肉片即可。

功效：牛肉能补中益气，滋养脾胃，强健筋骨，提高机体抗病能力，对产后妈妈在补充失血、修复组织等方面特别适宜。红烧牛肉面易于消化吸收，可以改善产后妈妈贫血，有增强免疫力、平衡营养吸收等功效。

护理宝宝

宝宝从安静、舒适的母体来到一个新世界，周围环境发生了巨大变化。为适应外界环境，新生宝宝的许多器官必须马上进行有利于生存的重大调整以适应新环境。妈妈在此时一定要护理好宝宝，给宝宝关怀与温暖。

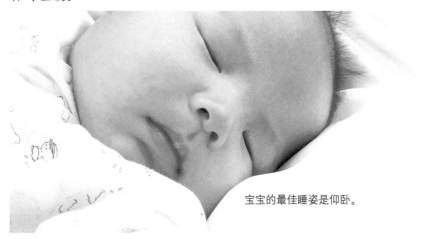

宝宝的最佳睡姿是仰卧。

宝宝的睡眠

早期新生儿睡眠时间相对长一些，每天可达 18~20 小时；晚期新生儿睡眠时间有所减少，每天 16~18 小时。年龄增加，睡眠时间减少。

早期新生儿睡眠时间大多不分昼夜，而晚期新生儿如果妈妈有意在后半夜推迟喂奶，一次睡眠时间可延长到五六个小时。

俯卧睡姿在新生儿觉醒状态下，有妈妈看护方可尝试，以促进大脑发育，锻炼胸式呼吸。侧卧睡姿很容易转变成俯卧睡姿，如无人呵护，极易造成新生儿猝死，这是很危险的。所以，新生儿采取仰卧位睡姿最合适。

要纠正宝宝昼夜颠倒的睡眠

由于宝宝神经末梢发育未完善，会出现易受惊的情况，随着月龄的增长，这种情况会逐渐改善。在调整宝宝睡眠时也要注意宝宝是否吃饱了、尿布是否干爽、身体是否不适，排除这些状况之后，才能开始为宝宝进行睡眠调整。

1. 白天限制宝宝的睡眠时间，白天少睡则晚上会多睡，每 3~4 小时到了喂奶时间就把他弄醒。

2. 醒着则陪他多玩，而且室内光线不要太黑，晚上则需光线较暗并且安静。

3. 晚上 8~9 点给宝宝洗个澡，洗前2 小时不哺乳，洗澡时间持续 10 分钟左右，让宝宝适当疲劳，再喂饱奶便于入睡。

听懂宝宝的哭声

宝宝的啼哭是一种本能，目的是为了能够确保得到自己生存的需要，也许他饿了、不舒服或者希望有人陪他一起玩。妈妈们，你们了解宝宝的哭声吗？

宝宝饿了

由于刚出生的宝宝都有强烈的吸吮反射，只要把奶嘴或手指放进他的口中，宝宝就会吸起来，所以，当宝宝的哭声较短，声音不高不低，很有节律，与此同时宝宝转动头部并张开嘴巴左右觅食，这是在告诉妈妈：肚子饿了。

宝宝困了

宝宝的脑神经尚未发育成熟，当宝宝越累时，反而越不容易入睡。所以，当宝宝发出拖长音的哭声，做着揉眼睛和打哈欠的动作时，妈妈就应该安抚宝宝入睡。

宝宝难受

当宝宝发出强弱不一的气音，而且哭声不规律时，可能是他想以哭声表达：好难受呀！姿势不舒服或者尿布湿了都可能是造成他难受的原因，妈妈

可以观察宝宝的需求，帮他调整一下姿势，或者更换尿布。

宝宝疼痛

如果宝宝哭得很厉害，而且总哭个不停的话，就得赶紧带着宝宝上医院检查，看看是不是生病了。宝宝常见的病有中耳炎、口疮性口炎、肠套叠。妈妈们要仔细观察宝宝的反应，一旦生病，决不能延迟。

宝宝认生

如果宝宝被带到一个陌生的地方，或者被不认识的人逗着玩就开始哭，这是宝宝认生，不愿意离开妈妈。

宝宝腹泻怎么办

宝宝消化功能尚未发育完善，由于在胎内是母体供给营养，出生后需独立摄取、消化、吸收营养，消化道的负担明显加重，在一些病因的影响下很容易引起腹泻。

怎样判断宝宝患了腹泻

判断 1：根据排便次数

正常宝宝的大便一般每天一两次，呈黄色糊状物。腹泻时则会比正常情况下排便增多，轻者 4~6 次，重者可达 10 次以上，甚至数十次。

判断 2：根据大便性状

为稀水便、蛋花汤样便，有时是黏液便或脓血便。宝宝同时伴有吐奶、腹胀、发热、烦躁不安，精神不佳等表现。

护理要点

隔离与消毒：接触生病宝宝后，应及时洗手；宝宝用过的碗、筷、奶瓶、水杯等要消毒；衣服、尿布等也要用开水烫洗。

注意观察病情：记录患儿大便、小便和呕吐的次数、量和性质，就诊时带上大便采样，以便医生检验、诊治。

外阴护理：勤换尿布，每次大便后用温水擦洗臀部，女宝宝应自前向后冲洗，然后用软布吸干，以防泌尿系统感染。

妈妈应该注意饮食

母乳的营养成分与妈妈的饮食密切相关，当宝宝腹泻时，妈妈应少食脂肪类食物，以避免乳汁中脂肪量增加。辛辣和热量大的食物，妈妈都应该避免食用，注意饮食要清淡一点比较好。同时每次喂奶前，妈妈饮一大杯开水，稀释母乳，有利于减轻宝宝腹泻症状。

乳房开始变得比较饱满，肿胀感减退，清淡的乳汁渐渐浓稠起来。

子宫基本收缩完整，已回复到骨盆内的位置。

恶露不再含有血液，而含有大量的白细胞、退化蜕膜、表皮细胞和细菌，使恶露变为黏稠而色泽较白。

会阴侧切的伤口已没有明显的疼痛，但是剖宫产妈妈的伤口内部，偶尔会出现时有时无的疼痛。

会伸出手臂、双腿嬉戏。

对他温和说话或将他抱直贴着肩膀时，会做眼神的接触。

醒着的时候会有茫然、平静的表情。

拌海带丝

姜枣枸杞乌鸡汤

早餐

拌海带丝	1 份
煮鸡蛋	1 个
杏仁提子粳米粥	1 碗

　　杏仁提子粳米粥能提高肠内容物对黏膜的润滑作用，帮助哺乳妈妈润肠通便。

中餐

米饭	1 碗
肉片炒青椒	1 份
姜枣枸杞乌鸡汤	1 份

　　乌鸡有 10 种氨基酸，其维生素 B_2、烟酸、维生素 E、磷、铁、钾、钠的含量更高，是养身体的上好佳品。

一日食谱推荐

　　妈妈身上的不适感在减轻，比起前两周，无论从身体上还是精神上都会很轻松。全部的心思都放在喂养宝宝上，促进乳汁完美而顺畅的分泌还是重中之重，产后贫血也要避免发生。

产后宜忌

产后不宜吃火腿

　　火腿本身是腌腊制品，含有大量亚硝酸盐类物质。亚硝酸盐类物质如摄入过多，人体不能代谢，蓄积在体内，会对健康产生危害。妈妈多吃火腿，火腿里亚硝酸盐物质会到乳汁里，并进入宝宝体内，给宝宝的健康带来潜在的危害。所以，妈妈不宜吃火腿。

姜枣枸杞乌鸡汤

原料：乌鸡 1 只，红枣 6 个，枸杞子 10 克，姜片、盐、料酒各适量。

做法：①乌鸡开膛，去内脏，洗净。②将乌鸡放进温水里，加入料酒用大火煮，待水沸后捞出乌鸡，放进清水里洗去浮沫，去掉血腥味儿。③将红枣、枸杞子洗净；生姜洗净去皮，拍碎。④将红枣、枸杞子、姜片放入乌鸡腹中，放入锅内，加水大火煮开。⑤改用小火炖至乌鸡肉熟烂。⑥出锅时加入适量盐调味即可。

红枣板栗粥

红小豆黑米粥

菠菜猪肝汤

日间加餐

香蕉	1根
烤馒头片	2块
红枣板栗粥	1碗

　　红枣富含维生素C和铁，板栗富含碳水化合物及矿物质等，与粳米合用，对健脑与强身都起着显著的作用。

红枣板栗粥

原料：板栗8个，红枣3个，粳米30克。

做法：①将板栗煮熟之后去皮，备用。②红枣洗净去核，备用。③粳米洗净，用清水浸泡30分钟。④将粳米、煮熟后的板栗、红枣放入锅中，加清水煮沸。⑤转小火煮至粳米熟透即可。

晚餐

烧饼	1个
肉末烧茄子	1份
红小豆黑米粥	1份

　　红小豆有很好的补血作用，也有利尿消肿的功效，不仅能够预防妈妈贫血，还能够及时甩掉身体多余的水分。

产后宜忌

不宜空腹喝酸奶

　　哺乳妈妈在饭后两小时内饮用酸奶最好。在空腹喝酸奶时，乳酸菌很容易被胃酸杀死，其营养价值和保健作用就会大大减弱。另外，酸奶也不能加热喝，因为活性乳酸菌很容易被烫死，使酸奶的口感变差，营养流失。

晚间加餐

全麦面包	2片
核桃	2个
菠菜猪肝汤	1份

　　菠菜猪肝汤具有生血养血、润燥滑肠的作用，能够帮助产后妈妈补血止血，补充维生素C、蛋白质，还能助消化。

产后宜忌

不宜长时间看书或者看电视

　　产后身体各个系统，包括皮肤、眼睛都需要一定的时间慢慢恢复，如果过早或长时间看书、上网，会使新妈妈眼睛劳累，日后再长久看书或上网容易发生眼痛。所以，产后妈妈不宜多看书或上网，一定要休息好，不要过于疲劳，待身体康复后量力而行。

鸡蛋玉米羹　　　　　　　　　　银耳鸡汤

非哺乳妈妈
一日食谱推荐

早餐

香蕉	1根
全麦面包	1块
鸡蛋玉米羹	1份

　　鸡蛋能补阴益血、补脾和胃；玉米有开胃、健脾、利尿的功效。鸡蛋玉米羹能够帮助非哺乳妈妈改善消化系统。

中餐

小米饭	1碗
油焖笋	1份
银耳鸡汤	1份

　　银耳具有滋阴润肺、养胃生津的功效，配以鸡汤，能够帮助非哺乳妈妈滋补身体，更快更好地恢复体力。

第 **15** 天 产后

产后宜忌
可以适度沐浴

　　非哺乳妈妈如果伤口恢复得好，可以在这一周内洗澡。产后洗澡应做到"冬防寒，夏防暑，春秋防风"。冬天沐浴必须密室避风，浴室宜暖，浴水不能过热，避免洗澡时大汗淋漓，汗出太多易致头昏、晕闷、恶心欲吐等。夏天浴室要空气流通，洗浴水保持在37℃左右，不可贪凉用冷水，图一时之欢而后患无穷。

银耳鸡汤

原料：银耳20克，鸡汤、盐、白糖各适量。

做法：①将银耳洗净，用温水浸泡20分钟，泡发后去蒂。②将银耳放入沙锅中，加入适量清水，用小火炖30分钟左右。③待银耳炖透后放入鸡汤，等烧沸后，加入盐、白糖调味即可。

八宝粥　　　　　　　小米鳝鱼粥　　　　　　银耳猪骨汤

日间加餐

苹果	1个
开心果	5颗
八宝粥	1碗

八宝粥容易消化，能够补铁、补血、养气、安神，产后妈妈食用后不仅能滋养身体，还能够益气安神，有利于睡眠。

晚餐

红烧豆腐	1份
清炒油菜	1份
小米鳝鱼粥	1碗

此粥含有丰富的蛋白质、碳水化合物、维生素和矿物质，有益气补虚的功效，有利于非哺乳妈妈的身体恢复。

晚间加餐

饼干	2块
草莓	5颗
银耳猪骨汤	1份

此汤可以生津滋养，促进血液循环，加强细胞新陈代谢，能够增强非哺乳妈妈的免疫力。

产后宜忌
选取应季的食品

非哺乳妈妈应该根据产后所处的季节，相应选取进补的食物，少吃反季节食物。比如春季可以适当吃些野菜，夏季可以多补充些水果羹，秋季食山药，冬季补羊肉等。要根据季节和妈妈自身的情况，选取合适的食物进补，要做到"吃得对、吃得好"。

小米鳝鱼粥

原料：小米 30 克，鳝鱼肉 50 克，胡萝卜、姜末、盐、白糖各适量。

做法：①将小米洗净；鳝鱼肉切成段；胡萝卜切成小块，备用。②在沙锅中加入适量清水，烧沸后放入小米，用小火煲 20 分钟。③放入姜末、鳝鱼肉、胡萝卜煲 15 分钟，熟透后，放入盐、白糖调味即可。

产后宜忌
不宜吃油炸食物

产后最好不要吃油炸食品，淀粉类的食品经过油炸后产生了丙烯酰胺，而且温度越高，产生的丙烯酰胺越多。丙烯酰胺对人体大脑的影响是非常巨大的，摄入过多，会造成记忆力下降、反应迟钝等症状。

羊骨小米粥　　　　　　　黑豆煲瘦肉

一日食谱推荐

早餐

煮鸡蛋	1个
鲜肉包子	1个
羊骨小米粥	1碗

原料：羊骨 50 克，小米 30 克，陈皮、姜丝、苹果各适量。

做法：①小米洗净，浸泡一会儿；羊骨洗净，捣碎。②在锅中放入适量清水，将羊骨、陈皮、姜丝、苹果放入锅中，用大火烧沸。③放入小米，待小米熟透即可。

功效：羊骨中含有磷酸钙、碳酸钙、钾、铁、骨胶原、骨类黏蛋白、中性脂肪磷脂等营养成分，对产后妈妈腰膝酸软、筋骨酸疼、骨质疏松等有很好的食疗效果。另外，小米的营养价值也很高，对哺乳妈妈来说，小米是理想的滋补品。

中餐

米饭	1碗
海米油菜心	1份
黑豆煲瘦肉	1份

原料：黑豆30克，猪瘦肉100克，葱段、盐、姜片各适量。

做法：①将黑豆洗净，泡发。②猪瘦肉洗净切成厚块，在沸水中余去血水。③在锅中放入适量清水，放入猪瘦肉和黑豆、葱段、姜片，煲熟后，放入盐调味即可。

产后宜忌

夏天洗澡不宜贪凉

　　有些在夏天坐月子的妈妈，为了身体舒爽会用不太热的水冲凉。这种一时贪凉的举动，往往会带来许多后患。产后触冷会使气血凝滞，以致于恶露不能顺畅排出，导致日后身痛或月经不调。洗澡的水应该与体温接近，37℃左右为宜。

红枣人参汤

为了宝宝的健康成长，妈妈尽量做到不要挑食。下奶和补血的食物要常吃，另外，也得加强补钙。

日间加餐

萨琪玛	1块
核桃	2个
红枣人参汤	1份

人参含氨基酸、多种维生素和糖类；红枣有益气养血的功效。此汤是为身体虚弱的产后妈妈提供的滋补养生汤。

晚餐

馒头	1个
红小豆银耳汤	1份
莲藕拌黄花菜	1份

莲藕富含铁、钙等矿物质，蛋白质、维生素以及淀粉含量也很丰富，有补益气血、增强免疫力的作用。因其含铁量较高，故对产后缺铁性贫血的哺乳妈妈颇为适宜。

晚间加餐

松子仁	1把
熟板栗	3颗
虾米粥	1碗

虾米中含有丰富的蛋白质和矿物质，钙含量尤其丰富；还含有丰富的镁元素，能很好地保护心血管系统。另外，虾的通乳作用较强，并且富含磷、钙，对哺乳妈妈有补益功效。

润肤养颜和气血菜谱：猪蹄肉片汤

功效：猪蹄中的胶原蛋白质在烹调过程中可转化成明胶，它能结合许多水，从而有效改善机体生理功能和皮肤组织细胞的储水功能，防止皮肤过早出现褶皱，延缓皮肤衰老。此汤不仅可以滋补身体，润肤养颜，还能通乳和血，是哺乳妈妈不错的选择。

用法：可在午餐或晚餐食用。

原料：猪蹄1只，咸肉、冬笋、木耳、肉皮、香油、米酒、姜片、盐各适量。

做法：①肉皮泡发切片；木耳泡发，猪蹄洗净，切成块，用沸水略煮去除腥味。②将香油倒入锅中，放入姜片，将猪蹄放入锅内炒至外皮变色为止。③将炒好的猪蹄与咸肉、冬笋、肉皮、木耳放入高压锅内，加入米酒一起煮。④待猪蹄烂透，出锅前加香油、盐调味即可。

香菇疙瘩汤

清蒸甲鱼

非哺乳妈妈
一日食谱推荐

早餐

苹果	1个
素馅包子	1个
香菇疙瘩汤	1份

原料：香菇10克，面粉50克，鸡蛋1个，盐适量。

做法：①将香菇洗净，切成小丁，备用。②鸡蛋液加水漱开，以小流慢慢倒入面粉中，边倒边用手搅拌，搅出无数小面疙瘩。③在锅中倒入适量清水，用大火烧沸后，将小面疙瘩放入锅中。④等面疙瘩浮起后，放入香菇，加入盐煮熟即可。

中餐

米饭	1碗
清炒芥蓝	1份
清蒸甲鱼	1份

原料：甲鱼1条，香菇4个，姜片、葱段、盐、料酒、酱油、鸡汤、香油、水淀粉各适量。

做法：①将甲鱼洗净，去除内脏后切成小块；香菇洗净，切块。②将甲鱼沸水中汆一下提出，洗净后加入料酒、盐拌匀，放上香菇、葱段、姜片，用蒸笼蒸熟。③将蒸好的甲鱼放入锅内，加入酱油、鸡汤，用水淀粉勾芡，淋上香油即可。

功效：此菜能滋阴养血、活血复元，对产后妈妈体质迅速恢复有积极作用。

> **产后宜忌**
>
> **产后宜适量吃香油**
>
> 香油中含有丰富的不饱和脂肪酸，能够促使子宫收缩和恶露排出，帮助子宫尽快复原，同时还有软便作用，避免产后妈妈发生便秘之苦。同时，香油中还含有丰富的必需氨基酸，对于气血流失的产后妈妈恢复身体有很好的滋补功效。

第 **16** 天

产后

板栗鸡汤

非哺乳妈妈经过了 2 周的恢复，精神状态已经好了很多，但内脏尚未复位完全。此时不要吃太多高脂肪、高蛋白的食物，重点要放在补气补血上。

日间加餐

橄榄	2 颗
饼干	2 块
板栗鸡汤	1 份

板栗是碳水化合物含量较高的食品，能供给人体较多的热量，并能帮助脂肪代谢。保证机体基本营养物质供应，具有益气健脾的作用。

晚餐

米饭	1 碗
豆腐丝	1 份
海带炖肉片	1 份

此菜含有丰富的蛋白质和脂肪，是防治贫血、缺钙症状的理想食物，对产后妈妈的身体康复很有帮助。

晚间加餐

火龙果	半个
核桃	2 个
麦芽粥	1 碗

生麦芽中所含麦角类化合物有抑制催乳素分泌的作用。此粥有回乳功效，适合非哺乳妈妈食用。

补蛋白增营养炖品：板栗黄焖鸡

功效：板栗黄焖鸡补而不腻，还能通过板栗的活血止血之效，促进子宫恢复。

用法：可在午餐或晚餐食用。

原料：鸡肉 150 克，板栗 100 克，水淀粉、黄酒、白糖、葱段、姜块、香油、酱油、盐各适量。

做法：①将板栗用刀切成两半，放到锅里煮熟后捞出，去壳；鸡肉切块。②油锅烧热，将葱段爆香，再加鸡块煸炒至外皮变色后，加适量清水及盐、姜、酱油、白糖、黄酒，用中火煮。③煮沸后，用小火焖至鸡肉将要酥烂时，将板栗放下去一块焖。④待鸡肉和板栗都酥透后，用水淀粉勾芡，淋上香油即可。

平菇小米粥

三丝牛肉

扫一扫，
看视频学做菜

一日食谱推荐

早餐

苹果	1个
面包	2片
平菇小米粥	1碗

原料：粳米、小米各50克，平菇30克，盐适量。

做法：①平菇洗净，汆烫后切片；粳米、小米分别洗净。②将粳米、小米放入锅中，加适量清水大火烧沸，改小火熬煮。③再滚时放入平菇，下盐调味，再煮5分钟，即可。

功效：粳米滋阴养胃，可提高人体免疫功能；小米清热解渴、滋阴养血；平菇改善人体新陈代谢、增强体质。这款粥品适宜产后妈妈早餐食用。

中餐

米饭	1碗
西红柿蛋汤	1份
三丝牛肉	1份

原料：牛肉100克，木耳30克，胡萝卜50克，菠菜、香油、酱油、白糖、盐各适量。

做法：①将牛肉、木耳、胡萝卜均切丝。②用香油、酱油、白糖将牛肉丝腌30分钟。③将牛肉丝放入锅中炒至八成熟后取出。④将木耳、胡萝卜放入锅中翻炒片刻，再放入菠菜，最后加入牛肉丝烩炒，放盐调味即可。

产后宜忌

感冒不严重时可以喂奶

哺乳妈妈患感冒时，可以继续给宝宝喂奶。不过妈妈在喂奶时要戴好口罩，不要朝宝宝打喷嚏。同时不要服用对宝宝有影响的药物，在服药之前最好向医生咨询。如果发烧，应暂时停止喂奶，待体温恢复正常后再喂。

枣泥牛奶饮

哺乳妈妈在进行补血催乳的同时，还需加强全面的营养，如多吃含维生素的蔬菜、含钙量高的肉类和汤类，以便通过母乳给宝宝带去全面的营养。

日间加餐

开心果	5颗
橙子	1个
枣泥牛奶饮	1杯

牛奶含钙量高，而且牛奶中的锌能使伤口更快愈合；红枣有益气养血的功效。此饮品是为身体虚弱的产后妈妈提供的滋补养生饮品。

晚餐

馒头	1个
豆瓣茄子	1份
豆腐粥	1碗

豆腐营养丰富，可补中益气、清热润燥、生津止渴，可以为哺乳妈妈提供铁、钙、磷、镁等矿物质，并且可以清洁肠胃。

晚间加餐

开心果	10个
香蕉	1根
鲜滑鱼片粥	1碗

鱼片粥富含营养，除蛋白质、脂肪及碳水化合物含量较高外，还富含磷、铁等矿物质，具有健脾益气、养血壮骨的功效，并能有效促进乳汁的分泌，最适合哺乳妈妈食用。

补血安神促发育菜谱：清蒸黄花鱼

功效：黄花鱼含有丰富的蛋白质、矿物质和维生素，具有健脾开胃、益气安神的作用，可以缓解产后妈妈贫血、失眠、食欲不振，还能提高乳汁中不饱和脂肪酸的含量，促进宝宝的脑部发育。

用法：可在午餐或晚餐食用。

原料：黄花鱼2条，料酒、姜片、葱段、盐各适量。

做法：①鱼洗净，抹上盐，放盘子上，将姜片铺在鱼上，淋上料酒，放入锅中用大火蒸熟。②鱼蒸好后把姜片拣去，腥水倒掉，然后将葱段铺在鱼上。③将锅烧热，倒入油烧到七成热，把烧热的油浇到鱼上即可。

清蒸鱼口感鲜美，而且营养流失少，很适合妈妈食用。

鸭肉粥

鱼丸莼菜汤

非哺乳妈妈
一日食谱推荐

第 **17** 天

产后

早餐

苹果	1个
素馅包子	1个
鸭肉粥	1碗

原料：粳米、鸭肉各 30 克，葱段、姜丝、盐、料酒各适量。

做法：①鸭肉洗净后，放入锅中，加料酒、清水和葱段，用中火煮 30 分钟，取出鸭肉，切小块。②粳米洗净，加入煮鸭的高汤，用小火煮 30 分钟。③再加入鸭肉、姜丝同煮 20 分钟，出锅时放盐调味即可。

> **产后宜忌**
> **产后宜洗头**
>
> 产后容易出汗，头发容易脏，因此要经常清洗头发，由于产后激素水平下降，本身就容易掉头发，如果头皮污垢多，毛囊容易发炎，头发脱落现象会更严重。但需要注意的是，要用温水洗，而不要用凉水。洗发后用干毛巾将头发擦干，并注意保暖。

中餐

米饭	1碗
清炒莴笋	1份
鱼丸莼菜汤	1份

原料：莼菜 100 克，鱼丸 50 克，鸡肉、盐、鸡汤、香油各适量。

做法：①将鸡肉切成丝。②锅中加入适量清水，烧沸后放入莼菜，沸起后将莼菜捞起，盛入碗中。③先将鸡丝翻炒，再加入鸡汤、盐，烧沸后放入鱼丸，沸起后倒入莼菜碗中，淋上香油即可。

> **产后宜忌**
> **不宜做重体力劳动**
>
> 产后妈妈不要过早做重体力劳动，以免造成日后的阴道膨出和子宫脱垂。不过，可以适当做产体操，它可以很好地恢复盆底肌肉、腹肌和腰肌的张力和功能，对防止产后尿失禁、膀胱、直肠膨出和子宫脱垂有很好的作用。

麦芽鸡汤

非哺乳妈妈在补血、滋补的同时，可以适当喝一些回乳的粥、汤类，如麦芽鸡汤、麦芽粥、麦芽山楂蛋羹等。此外，非哺乳妈妈要保持愉悦轻松的心情，这样才能照顾好宝宝。

日间加餐

面包	2片
香瓜	1块
排骨汤面	1份

　　排骨汤面含有丰富的优质蛋白质、脂肪、碳水化合物、钙、铁、磷、锌及维生素等，具有强筋壮骨的功效。非哺乳妈妈食用后，可以促进身体尽快恢复。

晚餐

花卷	1个
素香茄子	1份
麦芽鸡汤	1份

原料：鸡肉100克，生麦芽、炒麦芽各20克，鲜汤、盐、葱段、姜片各适量。

做法：①将鸡肉切块；生麦芽和炒麦芽用纱布包好。②锅内加油烧热，放入葱段、姜片、鸡块煸炒。③放入鲜汤、麦芽包，用小火炖一两个小时，加盐即可。

晚间加餐

草莓	5颗
开心果	5颗
桂圆枸杞粥	1碗

　　这款粥对治疗神经衰弱和智力衰退有很好的功效，可以提高产后妈妈的睡眠质量。

炒猪肝时不要一味求嫩，一定要熟透。

补铁佳品：香芹炒猪肝

功效：猪肝能补铁养血；芹菜有平肝降压、养血补虚、镇静安神、美容养颜之功效。这是一道为非哺乳妈妈补充铁元素、预防贫血的菜品。

用法：可在午餐或晚餐食用。

原料：香菇5个，新鲜猪肝100克，芹菜50克，鲜汤、葱花、姜末、料酒、水淀粉、酱油、香油、盐各适量。

做法：①将香菇放温水中泡发，切成片状；芹菜洗净，切段。②将猪肝洗净，除去筋膜，切成片，放入碗中，加葱花、姜末、料酒、水淀粉，搅拌均匀。③在锅中将葱花、姜末爆香后投入猪肝片，翻炒一会儿加入香菇片及芹菜，继续翻炒片刻；加入鲜汤、盐、酱油，以小火煮沸，用水淀粉勾芡，淋入香油即成。

葡萄干苹果粥　　奶香带鱼

一日食谱推荐

面包	1块
煮鸡蛋	1个
葡萄干苹果粥	1碗

原料：粳米30克，苹果1个，葡萄干10克，蜂蜜适量。

做法：①粳米洗净沥干，备用。②苹果洗净去皮，切成小方丁，要立即放入清水锅中，以免氧化后变成黑色。③锅内再放入粳米，与苹果一同煮至滚沸，用勺子稍微搅拌一会儿，改用小火熬煮40分钟。④食用时加入蜂蜜、葡萄干搅匀即可。

功效：葡萄干中的铁和钙含量十分丰富，是哺乳妈妈的滋补佳品，可补血气、暖肾。它还含有多种矿物质和维生素、氨基酸，常食对神经衰弱和过度疲劳者有较好的补益作用，可以帮助妈妈缓解精神紧张。

扫一扫，
看视频学做菜

米饭	1碗
紫菜蛋汤	1份
奶香带鱼	1份

原料：带鱼1条，牛奶150毫升，熟芝麻、料酒、盐、淀粉、香油各适量。

做法：①带鱼洗净，切成长块，然后用料酒、盐拌匀，腌渍10分钟，再拌上淀粉。②将带鱼块放入锅中，炸至金黄色时捞出。③锅内加入适量水，再放入牛奶，待汤汁烧开时，放入盐。④用淀粉勾芡，再用大火烧沸，最后撒上熟芝麻末，淋上香油，浇在带鱼块上即可。

产后宜忌

居室宜经常通风

过去常有捂月子的说法，这是不科学的，妈妈宝宝都需要新鲜空气，通风是最有效的空气消毒法。但要注意，别形成对流风，不要让风直吹你和宝宝。

第

天

枸杞山药粥

哺乳妈妈因哺乳宝宝难免会觉得疲劳，所以可以喝一些缓解疲劳的粥类，多吃水果，放松心情，在补血催乳的同时也要照顾好自己。

日间加餐

葡萄柚	2 瓣
杏仁	5 颗
奶酪蛋汤	1 份

奶酪蛋汤由于加入了奶酪而使钙质含量变得更加丰富，同时口味也更加浓郁了，是产后及哺乳妈妈的一道高钙美食。水果中含锌、钾、镁和维生素 C 等元素，这些元素可帮助钙质吸收。所以妈妈们要经常吃水果。

妈妈喜欢喝清汤，就用冷水煲汤；喜欢喝白汤，就用滚水煲汤。

晚餐

千层饼	1 块
焖鸡块	1 根
什锦黄豆	1 份

什锦黄豆是一道高蛋白、高钙、高铁的食谱，是哺乳妈妈很好的佐餐佳品。

晚间加餐

草莓	5 颗
面包	2 片
枸杞山药粥	1 碗

枸杞山药粥含有皂苷、黏液质、胆碱、淀粉、糖类、蛋白质、维生素 C 等营养成分以及多种微量元素，具有滋补作用，是产后妈妈康复食补的佳品。

催乳补钙滋补汤品：青木瓜排骨汤

功效：青木瓜是一种高纤食品，又可以促进乳汁的分泌；肋排富含钙质、铁质及蛋白质，能强筋壮骨，补气充血。

用法：可在午餐或晚餐食用。

原料：肋排 150 克，青木瓜 50 克，姜片、葱花、黄酒、盐各适量。

做法：①将肋排切成小块，用开水汆烫；青木瓜洗净，切块。②在锅中加适量清水，烧沸后放入肋排、青木瓜、黄酒、姜片和盐，用大火烧沸后转用小火煮熟，撒上葱花即可。

豌豆粥

香油藕片

非哺乳妈妈
一日食谱推荐

第 **18** 天 产后

早餐

煮鸡蛋	1个
鲜肉包	1个
豌豆粥	1碗

原料：豌豆 30 克，粳米 50 克，红糖、白糖、糖桂花各适量。

做法：①豌豆、粳米淘洗干净，放入锅内，加适量水，用大火煮沸。②撇去浮沫后用小火煮熬至豌豆酥烂。③用凉开水将糖桂花调成汁。食用时，先在碗内放上白糖、红糖，盛入豌豆粥，再加上桂花汁搅拌均匀即可。

产后宜忌
产后忌天天卧床

坐月子休息并不意味着整天躺在床上。如果这样，不但不利于恶露的排出，还会导致肠蠕动减弱，容易发生产后便秘，还会影响生殖系统的复原，不利于产后恢复。

中餐

米饭	1碗
西红柿炖牛腩	1份
香油藕片	1份

原料：莲藕 150 克，姜末、盐、酱油、香油、醋各适量。

做法：①莲藕洗净削皮，切成薄片，放入凉水内稍洗。②锅中放适量清水，烧开后倒进莲藕焯熟，捞进凉开水里过凉，沥干。③藕片加盐、酱油、醋拌匀盛入盘内，放上姜末。④最后将香油烧热，淋在藕片上即可。

产后宜忌
四季饮食宜调整

季节对产后妈妈进补是有所影响的。一般传统的坐月子饮食，性质温热，适用于冬季。春秋时节生姜和酒都可稍稍减少，若是夏天盛热之际，可不用酒烹调食物。

香菇鸡汤面

非哺乳妈妈在进补时，不妨吃些开胃、健脾、助消化的食物，一方面可以缓解高蛋白、高脂肪的油腻，一方面也能起到瘦身的作用。

日间加餐

面包	2 片
熟板栗	3 粒
山楂粥	1 碗

山楂中含有丰富的维生素和矿物质，对产后妈妈有一定的益处。食用山楂可增加产后妈妈胃中的消化酶，对于油腻大餐后堆积在胃中的食物，具有很强的消化作用。

晚餐

花卷	1 个
糖醋萝卜	1 份
香菇鸡汤面	1 份

原料：面条 50 克，鸡肉 100 克，香菇 4 个，胡萝卜、酱油、盐各适量。

做法：①鸡肉、胡萝卜洗净，切片。②在锅中加入温水，放入鸡肉、胡萝卜、盐，煮熟，盛出。③将面条放入鸡肉汤中煮熟。④将香菇入油锅略煎。⑤将煮熟的面条盛入碗中，把胡萝卜片、鸡肉片摆在面条上，淋上鸡汤，再点缀香菇即可。

晚间加餐

葵花子仁	1 份
香蕉	1 根
牛奶	1 杯

睡前吃 1 根香蕉，喝一杯牛奶，可以提高睡眠质量。

山药黑芝麻羹有乌发护发功效，产后发质不佳的新妈妈要多吃。

养血益肝助消化佳品：山药黑芝麻羹

功效：山药黑芝麻羹有益肝、补肾、养血、健脾、助消化的作用，是极佳的保健食品。特别是芝麻的钙、铁含量高，特别适合产后妈妈食用。

用法：可在早餐或加餐食用。

原料：山药、黑芝麻各 50 克，白糖适量。

做法：①黑芝麻放入锅内炒香，山药放入干锅中烘干，均研成细粉。②锅内加入适量清水，烧沸后将黑芝麻粉和山药粉加入锅内，同时放入白糖，不断搅拌，煮 5 分钟即可。

红枣小米粥

酿茄墩

一日食谱推荐

早餐

面包	2 片
苹果	1 个
红枣小米粥	1 碗

原料：红枣 4 个，小米 50 克，冰糖适量。

做法：①红枣洗净，用水泡软；小米洗净。②将小米和红枣放入锅中，加适量水，大火烧开后，转小火煮。③待小米变软后，加入冰糖煮一会儿即可。

功效：红枣小米熬粥营养价值丰富，作为产后妈妈滋补之用再适合不过。

产后宜忌

忌病中哺乳

　　妈妈如果患急性传染病肝炎、肺结核等，哺乳既不利于妈妈健康恢复，也有可能把病传染给宝宝。患乳腺炎时，如果坚持哺乳则容易加重乳房炎症，对于宝宝来说，吸吮了妈妈可能含有致病菌的乳汁也容易发生肠道疾病。

中餐

米饭	1 碗
西红柿蛋汤	1 份
酿茄墩	1 份

原料：茄子 1 个，肉馅 100 克，鸡蛋 1 个，香菇末、香菜末、水淀粉、白糖、盐各适量。

做法：①茄子去蒂洗净切段，用小刀挖去茄子段中间部分。②在肉馅内放入盐、蛋清，拌匀后，放入挖空的茄墩儿内，撒上香菇末、香菜末，蒸熟后放入盘内。③在锅中放入油、白糖、盐，加少许水烧开，用水淀粉勾芡，淋在蒸好的茄墩儿上即可。

产后宜忌

忌乱服药

　　有些药物妈妈服用后会对宝宝产生不良反应，有时甚至很严重，如引起病理性黄疸、耳聋、肝肾功能损害或呕吐等。因此，产后妈妈一定要慎用药物，用药时一定要遵守医嘱。

第

天

鲤鱼粥

哺乳妈妈可以适当地在房间里走动，帮助消化。饮食上需要注意不要吃生冷食物，滋补、催乳的食物要合理搭配，不能挑食。

日间加餐

豌豆黄	1块
榛子	5个
红小豆黑米粥	1碗

此粥可以活血养颜。红小豆营养丰富，黑米可以滋阴补肾、健身暖胃、明目活血、清肝润肠，是产后妈妈的食疗佳品。

晚餐

香蕉	1根
香菇青菜	1份
鲤鱼粥	1碗

原料：鲤鱼1条，粳米30克，姜末、葱段、黄酒、盐、香油各适量。

做法：①鲤鱼剖洗干净后用小火煮汤，加入姜末、葱段和黄酒，煮熟后去骨刺留汤备用。②将粳米洗净，放入锅中用大火煮，待粥黏稠时，加入鱼汤与盐调匀，稍煮片刻。③食用时加入香油即可。

晚间加餐

木瓜	1块
牛奶	1杯
牛骨汤	1份

牛骨中含有大量的钙质和骨胶原，哺乳妈妈食用牛骨汤，既可以防止自己因缺钙而导致腿抽筋，同时还能给宝宝提供充足的钙质。

催乳活血助恢复菜谱：花生鸡爪汤

功效：此汤含有蛋白质、糖类、钙、磷、铁、B族维生素、烟酸、维生素C等，具有养血催乳、活血止血、强筋健骨的功效。产后妈妈食用，能促进乳汁分泌，有利子宫恢复，促进恶露排除，防止产后出血。

用法：可在午餐或晚餐食用。

原料：鸡爪50克，花生仁20克，胡萝卜、枸杞子、姜片、黄酒、香油、盐各适量。

做法：①将鸡爪剪去爪尖，洗净；花生仁放入温水中浸半小时，换清水洗净；胡萝卜洗净，切片。②在锅中加入适量清水，用大火煮沸，放入鸡爪、花生仁、胡萝卜、枸杞子、黄酒、姜片，煮至熟透。③加盐调味，再用小火焖煮一会儿，淋上香油，即可。

核桃红枣粥

香菇鸡翅

非哺乳妈妈
一日食谱推荐

第
19
天

早餐

芒果	1个
豆沙包	1个
核桃红枣粥	1碗

原料：核桃仁20克，红枣5个，粳米30克，冰糖适量。

做法：①将粳米洗净；红枣去核洗净；核桃仁洗净。②将粳米、红枣、核桃仁放入锅中，加适量清水，用大火烧沸后改用小火，等粳米成粥后，加入冰糖搅匀即可。

功效：核桃含B族维生素、维生素C等，能通经脉、黑须发。此粥具有滋阴润肺、补脑益智、润肠通便的功效。此外，产后妈妈也可以适当食用其他坚果，如板栗、杏仁、葵花子、开心果、花生、松子等。坚果富含蛋白质、油脂、矿物质和维生素，产后适量补充更利于营养均衡、增强体质、预防疾病。虽然多数坚果都有益于妈妈的身体保养，但也不宜多吃。

中餐

米饭	1碗
清炒菠菜	1份
香菇鸡翅	1份

原料：鸡翅8个，水发香菇8个，鸡汤、红葡萄酒、酱油、盐、料酒、葱段、姜末各适量。

做法：①鸡翅用酱油、料酒腌渍片刻。②香菇切片在锅中炒一下，捞出。③鸡翅放入油锅炸至呈金黄色捞出。④在另一锅中放入油烧热，放入葱段、姜末，倒入鸡翅，加红葡萄酒、鸡汤，放盐烧开，盛入沙锅内，放入香菇，用小火焖熟即可。

产后宜忌
产后宜保护眼睛

产后妈妈在坐月子的时候，眼睛的护理显得非常重要。产后妈妈的五脏虚损、精气不足，眼睛失去养分，不仅会影响眼睛的外观，还会影响眼睛的生理功能。所以，产后一定要保护眼睛。

西红柿牛腩汤

非哺乳妈妈可以吃些清淡的食物，如菠菜、西红柿、豆腐汤等，但饮食也要全面营养，不能挑食偏食。

日间加餐

桃	1个
松子	1把
西红柿牛腩汤	1份

西红柿能够增加产后妈妈的食欲，帮助消化，调整胃肠功能。牛肉可以帮助妈妈补血、修复组织。

晚餐

小米粥	1碗
白菜肉片	1份
鱼头豆腐汤	1份

鱼头豆腐汤能提供丰富的胶原蛋白，既能健身，又能美容，是产后妈妈滋补身体和滋养肌肤的理想食品。

晚间加餐

绿豆糕	1块
开心果	5颗
紫菜鸡蛋汤	1份

紫菜中含有丰富的胆碱成分，有增强记忆的作用。另外，紫菜中含丰富的钙、铁元素，是产后贫血妈妈的滋补良品。

木耳能吸附妈妈肠胃中的杂物，为妈妈清理肠胃。

益气补脑活血补血佳品：木耳炒鸡蛋

功效：木耳含糖类、蛋白质、维生素和矿物质，有益气强智、止血止痛、补血活血等功效，是产后贫血妈妈重要的保健食品。

用法：可在午餐或晚餐食用。

原料：鸡蛋2个，水发木耳50克，葱花、香菜、盐、香油各适量。

做法：①将水发木耳洗净，沥水，将鸡蛋打入碗内，备用。②油锅烧热，将鸡蛋倒入，炒熟后，出锅备用。③另起油锅，将木耳放入锅内炒几下，再放入鸡蛋，加入盐、葱花、香菜调味，淋上香油即可。

香菇鸡肉粥

菠菜粉丝

一日食谱推荐

早餐

苹果	1个
葱花饼	1个
香菇鸡肉粥	1碗

香菇鸡肉粥美味可口，是一份高蛋白、低脂肪、多糖和多种维生素的粥品，在提高哺乳妈妈免疫功能的同时，又给妈妈带来营养。

产后宜忌

忌浓妆艳抹

产后妈妈化妆是有害的。妈妈的浓妆艳抹会遮盖身体原有的气味，使宝宝辨认不出妈妈的气味，因而情绪低落甚至不愿靠近，拒绝吃奶睡觉，这对宝宝是不利的。另外，有些化妆品含有大量的雌激素，会使化妆品转移到宝宝的身上，长期接触，会在宝宝体内积聚引起宝宝性早熟或性发育异常。

中餐

米饭	1碗
冬瓜排骨汤	1份
菠菜粉丝	1份

原料：菠菜150克，粉丝50克，料酒、姜末、葱花、盐、香油各适量。

做法：①菠菜择洗干净，粉丝洗净，分别用开水焯一下，捞出，沥净水。②油锅烧热，用葱花、姜末炝锅，放入料酒，将菠菜、粉丝下锅，加盐稍炒出锅，淋上香油即可。

产后宜忌

产后滋补不宜过量

产后饮食不宜大补，滋补过量的产后妈妈易患肥胖症，从而引发多种疾病。产后妈妈肥胖还可造成乳汁中脂肪含量增多，最终导致婴儿的肥胖或腹泻。总之，产后妈妈在饮食上要适量，避免高脂肪食物，以有利于下一代的健康。

猪血豆腐汤

在进补高蛋白、高脂肪的同时，哺乳妈妈还要食用一些含有膳食纤维，或者可以排毒的食物，以免发生便秘，如猪血、冬瓜、蜂蜜、菌类等。

日间加餐

香蕉	1 根
饼干	2 块
桑葚蜂蜜粥	1 碗

桑葚蜂蜜粥具有清心润肺、消食养胃润燥的作用，吃起来清新爽口，可以改善哺乳妈妈的脾胃不佳、食欲不振。

晚餐

馒头	1 个
清炒油菜	1 份
猪血豆腐汤	1 份

原料：猪血 100 克，豆腐 50 克，香菜、料酒、盐各适量。

做法：①猪血、豆腐切条状，放入开水焯一下。②将猪血、豆腐放入锅中翻炒，倒入料酒去腥，倒入适量清水，加盐调味。③大火煮开后撒上香菜即可。

晚间加餐

核桃	2 个
牛奶	1 杯
杏仁红小豆粥	1 碗

红小豆可以利水除湿、和血排脓、消肿解毒。杏仁含有丰富的膳食纤维、维生素 E 及人体必需的矿物元素等，能增强抵抗力、延缓衰老。杏仁红小豆粥是一道非常适合妈妈健康的益气养心、润肺排毒、清火养颜的好粥。

补脑健身补血菜谱：爆鳝鱼面

功效：鳝鱼中含有丰富的 DHA 和卵磷脂，这两种物质是构成人体各器官组织细胞膜的主要成分，而且是脑细胞不可缺少的营养，可以帮助哺乳妈妈改善记忆，并能通过乳汁促进宝宝的大脑发育。

用法：可在早餐、午餐或晚餐食用。

原料：鳝鱼 200 克，青菜 20 克，面条 100 克，盐、酱油、葱段、姜片、鲜汤、料酒、水淀粉各适量。

做法：①将鳝鱼剁成长段；青菜洗净。②锅中放入鳝鱼段，加入青菜、姜片、葱段炒至火红色。③加鲜汤、酱油、盐、料酒烧沸入味后，用水淀粉勾芡，浇在煮熟的面条上即可。

多食鳝鱼能帮助妈妈补气养血，预防贫血。

核桃粥

萝卜丝带鱼

非哺乳妈妈
一日食谱推荐

第

产后

20

天

早餐

鸡蛋	1个
黑豆沙芝麻饼	1个
核桃粥	1碗

原料：糯米 30 克，核桃 5 个，红枣 2 个，盐适量。

做法：①将核桃夹开把瓤取出，泡在水里，将其薄皮剥去并捣碎；红枣用水浸泡后去核捣碎。②将核桃、红枣、糯米加适量水放在锅里煮熟，加盐调味即可。

产后宜忌
宜经常变换睡姿

产后妈妈在休息期间要侧卧、仰卧和俯卧多种姿势轮换交替。如果睡觉一直平躺，仍然超重的子宫会往后倒，而产后支持子宫位置的韧带多软弱无力，尚未恢复正常的张力，难以将沉重的子宫牵拉至前位。随着时间的推移，子宫就取后位的姿态复旧，导致后位子宫。

中餐

米饭	1碗
清炒菠菜	1份
萝卜丝带鱼汤	1份

原料：带鱼 1 条，萝卜 50 克，料酒、盐、白糖、水淀粉、葱花、姜末各适量。

做法：①带鱼洗净切段，加盐、料酒，用水淀粉拌匀。②萝卜洗净切丝，焯水沥干。③将带鱼放入油锅，炸至呈金黄色，捞出。④放入葱花、姜末爆香，放入带鱼、萝卜丝，加水烧开。⑤放入白糖、盐调味即可。

产后宜忌
产后宜绑腹带

在怀孕期间，子宫的增大对内脏造成挤压，而产后，子宫立即变得空虚，之前被抬起的内脏随即下垂，同时由于体内的体液比孕前增长了近三分之一，更加重了内脏的下垂。所以在产后，妈妈们一定要注意的就是使内脏复位，最关键的就是要捆绑腹带。

鲜肉小馄饨

非哺乳妈妈的伤口差不多愈合了，可以做一些简单的运动，如踢腿、按摩等，饮食上以助消化、益气补血的食物为主，如牛奶葡萄干粥、白萝卜、木耳等。

日间加餐

香蕉	1根
杏仁	5颗
牛奶葡萄干粥	1碗

牛奶葡萄干粥具有益气养血的作用，特别适合于气血虚弱的产后妈妈。粥中的葡萄干所含铁和钙十分丰富，也是产后妈妈补血的佳品，而且对过度疲劳有较好的补益作用。

晚餐

盐水鸡肝	1份
清炒茭白	1份
鲜肉小馄饨	1份

原料：鸡蛋1个，猪腿肉、馄饨皮、紫菜、虾仁、葱花、姜丝、盐、白糖、生抽、蚝油、香油各适量。

做法：①猪腿肉打成肉末；②姜丝用温水浸泡，猪肉馅里加鸡蛋、盐、白糖、生抽、蚝油、葱花、姜丝。③将肉馅放入馄饨皮中包好。④锅里倒入适量水，放入紫菜和虾仁煮沸，再放入馄饨煮熟，淋上香油即可。

晚间加餐

饼干	2块
苹果	1个
燕麦粥	1碗

燕麦中含有极其丰富的亚油酸，对产后妈妈浮肿、便秘有辅助疗效，对增强体力也大有裨益。

补血滋养明星佳品：西蓝花炒猪腰

功效：猪腰富含动物蛋白质、铁、锌，西蓝花中的维生素C丰富，有利于铁的吸收，预防产后贫血。

用法：可在午餐或晚餐食用。

原料：猪腰100克，西蓝花200克，葱段、姜片、黄酒、酱油、盐、白糖、淀粉、香油各适量。

做法：①猪腰去除腥臊部分，在黄酒水中浸泡一会儿后取出。②在锅中放入葱段、姜片，加清水用大火烧开。③西蓝花切块，焯一下取出。④在锅中将葱段、姜片爆香后放入腰花，加酱油、盐、白糖煸炒，之后放入西蓝花一同煸炒，再加水淀粉勾芡，以香油调味即可。

莲藕排骨汤

哺乳妈妈一日食谱推荐

鸡蛋	1个
卷饼	1个
鲜虾粥	1碗

原料：虾50克，粳米30克，芹菜、香菜、香油、盐各适量。

做法：①粳米洗净，放入锅中加适量水开始煮粥。②芹菜、香菜洗净，切碎。③粥煮熟时，把芹菜、虾放入锅中，放盐，搅拌。④5分钟左右，再将香菜放入锅中，淋入香油，煮沸即可。

功效：虾的营养价值极高，能增强人体的免疫力。此粥还有催乳作用，帮助哺乳妈妈分泌乳汁。虾皮还有镇静作用，缓解神经紧张。

米饭	1碗
清炒海带丝	1份
菠菜猪血汤	1份

原料：菠菜150克，猪血100克，盐、香油各适量。

做法：①将猪血切块；菠菜洗净，切段备用。②先将猪血块放入沙锅，加适量清水，煮至猪血熟透，再放入菠菜略煮。③加入盐调味，淋上香油即可。

功效：此汤具有润肠通便之功效，猪血富含铁，是补血、排毒、养颜的理想食物。

产后宜忌

饮食宜粗细搭配

　　粗粮中保留了许多细粮中没有的营养成分，比如食物膳食纤维较多，并且富含B族维生素和矿物质。很多粗粮还具有药用价值，有利于肠道排毒。将粗细粮搭配食用，更利于多种营养的吸收，对妈妈身体的恢复很有益处。

烧饼	1个
红烧茄子	1份
莲藕排骨汤	1份

原料：猪排骨150克，莲藕100克，葱段、姜片、料酒、盐、香菜各适量。

做法：①排骨斩段，洗净，放入沸水中汆烫，撇去血沫，捞出沥干；莲藕切片。②将排骨放入锅中，加葱段、姜片和料酒，放入适量水，大火烧开，煮15分钟。③放入莲藕，改用小火，炖熟后，放入盐、香菜即可。

功效：猪排骨除含蛋白、脂肪、B族维生素外，还含有大量磷酸钙、骨胶原、骨黏蛋白等，可为哺乳妈妈提供钙质。

花椒红糖饮

经过两周的调养，新妈妈身上的不适逐渐减轻，精神状态也更好，在这时候再来进补，新妈妈更容易消化吸收，而且不容易给身体造成负担。

非哺乳妈妈一日食谱推荐

早餐

煎鸡蛋	1个
豆沙包	1个
麦芽山楂饮	1份

原料：麦芽10克，山楂、红糖各适量。

做法：①先将山楂切片，然后与麦芽分别放入锅中炒焦。②将炒麦芽炒山楂放入锅中，煮熟，加入红糖即可。

功效：山楂健脾开胃；麦芽可以帮助非哺乳妈妈回乳。

> **产后宜忌**
>
> **忌用回奶药**
>
> 回乳可以先尝试从日常饮食上着手，由于母乳的主要成分是水分，因此非哺乳妈妈可减少食物中的水分含量和平时的饮水量。另外，有些药物虽然可以帮助抑制乳汁分泌，但是会有不良的副作用，所以回奶药一定要在医生指导下使用。

中餐

米饭	1碗
拔丝香蕉	1份
三鲜冬瓜汤	1份

原料：冬瓜、冬笋各30克，西红柿1个，鲜香菇5个，油菜、盐各适量。

做法：①冬瓜去皮去子后，洗净，切成片；鲜香菇去蒂，洗净，切成丝；冬笋切成片；西红柿洗净切成片；油菜洗净掰成段。②将所有原料一同放入锅中，加清水煮沸；转小火再煮至冬瓜、冬笋熟透。③出锅前放盐调味即可。

> **产后宜忌**
>
> **忌产后立即游泳**
>
> 产后不久就下水游泳，通过增加运动量减少孕期积累的全身脂肪，是许多爱美妈妈的选择。但是，产后立即游泳会大大增加产后妈妈得风湿病的可能，在子宫没有完全恢复时游泳，容易造成细菌感染或慢性盆腔炎，因此应当慎重下水游泳。

晚餐

糖醋萝卜	1份
猪肉白菜蒸饺	1份
花椒红糖饮	1份

原料：花椒15克，红糖适量。

做法：①将花椒先放在清水中泡1小时。②锅置火上，倒入花椒水再大火煮10分钟。③出锅时加入红糖即可。

功效：帮助产后妈妈回乳，减轻乳房胀痛。另外，回乳的妈妈不要穿有可能刺激到乳头的衣服。为了减少乳头被刺激，可以穿着合身又具有支托性的胸罩，给予乳房适当的支撑。

宝宝吐奶怎么办

　　宝宝的体重和身长都在增长，那是妈妈辛勤哺育的结果。但是在哺乳的过程中，妈妈会遇到很多困扰的问题，比如宝宝吐奶了该怎么办呢？

　　宝宝吃奶后，如果立即平卧在床上，奶汁会从口角流出，甚至把刚吃下去的奶全部吐出。喂奶后把宝宝竖抱一段时间再放到床上，吐奶就会明显减少。

宝宝吐奶的原因

　　宝宝的胃呈水平位，胃底平直，吃进去的奶容易溢出。站立行走后，由于膈肌下降及重力的作用，胃才逐渐转为垂直位。另外，宝宝胃容量较小，胃壁肌肉和神经发育尚未成熟，肌张力较低，所以易造成吐奶。

　　宝宝胃的贲门（近食管处）括约肌发育不如幽门（近十二指肠处）完善，使胃的出口紧而入口松，平卧时胃的内容物容易返流入食管而吐奶。

　　喂养方法不当，宝宝吃奶过多，妈妈乳头内陷，或吸空奶瓶、奶头内没有充满乳汁等，均会使宝宝吞入大量空气而发生吐奶。

　　喂奶后体位频繁改变也容易引起吐奶。

防止宝宝吐奶

　　妈妈第一次看到宝宝吐奶时可能会很担心，不知所措，其实只要注意以下几方面的问题，就可以防止宝宝吐奶。

　　1. 采用合适的喂奶姿势：尽量抱起宝宝喂奶，让宝宝的身体处于45°左右的倾斜状态，胃里的奶水自然流入小肠，这样会比躺着喂奶减少发生吐奶的机会。

　　2. 喂奶完毕一定要让宝宝打个嗝：把宝宝竖直抱起靠在肩上，轻拍宝宝后背，让他通过打嗝排出吸奶时一起吸入胃里的空气，再把宝宝放到床上，这样就不容易吐奶了。

　　3. 吃奶后不宜马上让宝宝仰卧，而是应当侧卧一会儿，然后再改为仰卧。

　　4. 喂奶量不宜过多，间隔时间不宜过短。

　　宝宝吐奶之后，如果没有其他异常，一般不必在意，以后慢慢会好，不会影响宝宝的生长发育。宝宝吐的奶可能呈豆腐渣状，那是奶与胃酸起作用的结果，也是正常的，不必担心。但如果宝宝呕吐频繁，且吐出呈黄绿色、咖啡色液体，或伴有发烧、腹泻等症状，就应该及时去医院检查了。

吐奶后的护理措施

宝宝刚吃过奶后，不一会儿就似乎全吐出来了，这时有些妈妈可能怕宝宝挨饿，马上就再喂。遇到这种情况时要根据宝宝当时的状况而定：有些宝宝吐奶后一切正常，也很活泼，则可以试喂，如宝宝愿吃，那就让宝宝吃好；而有些宝宝在吐奶后胃部不舒服，如马上再喂奶，宝宝可能不愿吃，这时最好不要勉强，应让宝宝胃部充分休息一下。

一般情况下，吐出的奶远远少于吃进的奶，所以妈妈不必担心，只要宝宝生长发育不受影响，偶尔吐一次奶也无关紧要。当然，如每次吃奶后必吐，那么就要做进一步检查，以排除疾病而致的吐奶。

治疗小方法：腹部按摩减轻吐奶

吐奶是宝宝常见的胃肠道症状，由于宝宝胃容量小，胃肠蠕动差，易发生胃食管反流。对于吐奶，最简便易行的治疗方法是腹部按摩。一般每隔4~6小时一次，夜间可延长至6小时以上。每次按摩均在喂奶后半小时进行，以肚脐为中心，手指并拢，顺时针运行，同时给予腹部一定压力，速度适中，每次按摩时间5~10分钟。吐奶减轻后，按摩次数减至每日两三次，直至吐奶现象消失。

腹部按摩可通过神经系统促进胃泌素分泌，增加胃肠蠕动，改善消化吸收功能。

喂完奶后轻拍后背让宝宝打嗝能防止宝宝吐奶。

产后第四周：恢复体力

此时恶露消失，变成白带。

阴道内的伤口大体痊愈。

阴道及会阴部浮肿、松弛现象基本消失。

耻骨松弛好转，性器官大体复原。

手指被扳开时会抓取东西，但还不能长时间握持。

趴着的时候能抬起头来。

俯卧时能将下巴抬起片刻，头会转向一侧。

会记得几秒钟内重复出现的东西。

蛋香玉米羹

胡萝卜牛蒡排骨汤

早餐

牛奶	1杯
香葱鸡蛋饼	1个
蛋香玉米羹	1份

　　玉米不仅有抗癌的作用，还含有维生素 E，镁、硒等十几种健康矿物质。

中餐

米饭	1碗
素什锦	1份
胡萝卜牛蒡排骨汤	1份

　　牛蒡有清热解毒，降低胆固醇，增强人体免疫力和预防糖尿病、便秘、高血压的功效。

一日食谱推荐

　　产后第 22 天之后，大量进补是非常有必要的，进补的量可以适当增加，进补的食材也可以选择热性高的，如牛蒡排骨汤、板栗鳝鱼煲等。

产后宜忌

产后宜用热水泡脚

　　产后妈妈每天用热水泡脚 10~20 分钟能活跃神经末梢，调节自主神经和内分泌功能，起到强身壮体、延年益寿的作用。对产后妈妈来说，经历了分娩过程以后已经筋疲力尽了，热水泡脚既保健又解乏，对恢复体力、促进血液循环、解除肌肉和神经疲劳大有好处。

胡萝卜牛蒡排骨汤

原料：排骨 150 克，牛蒡 50 克，枸杞子、胡萝卜、盐各适量。

做法：①排骨洗净，切成 4 厘米长的段，在沸水中余去血沫，用清水冲洗干净，备用。②牛蒡用小刷子刷去表面的黑色外皮，切成小段，备用。③枸杞子洗净，胡萝卜洗净，切成滚刀块，备用。④把排骨、牛蒡、枸杞子、胡萝卜块一起放入锅中，加清水大火煮开后，转小火再炖 1 小时。⑤出锅时加盐调味即可。

桂圆红枣汤

肉末香菇鲫鱼

花生麦片粥

日间加餐

核桃	2个
香蕉	1根
桂圆红枣汤	1份

红枣对促进血液循环，畅通乳腺很有帮助，而且它和桂圆还具有极佳的补血养气效果，非常适合哺乳妈妈食用。

晚餐

花卷	1个
白菜肉片	1份
肉末香菇鲫鱼	1份

鲫鱼可增强抗病能力，还可补虚通乳，是哺乳妈妈补虚健身的良好选择。

晚间加餐

苹果	1个
奶酪	1块
花生麦片粥	1碗

燕麦含有丰富的可溶性与不溶性膳食纤维，能够促进肠道消化，更好地帮助身体吸收营养物质。

产后宜忌

产后宜吃些杜仲

产后吃一些杜仲，有助于促进松弛的盆腔关节韧带的功能恢复，加强腰部和腹部肌肉的力量，尽快保持腰椎的稳定性，减少腰部受损害的概率，从而防止腰部发生疼痛。而且，杜仲还可减轻产后乏力、晕眩、小便频数等不适。

肉末香菇鲫鱼

原料：干香菇 5 个，鲫鱼 1 条，肉末、葱段、姜片、酱油、盐、料酒各适量。

做法：①干香菇用水泡发，洗净切块；鲫鱼去内脏，洗净。②将姜片、葱段在锅中爆香，倒入肉末煸炒，然后加料酒和盐，放入香菇，接着煸炒，之后捞出待用。③将鲫鱼放入锅中煎成两面金黄，浇上料酒、酱油，加少许水。④放入香菇、肉末，收汤汁，即可。

产后宜忌

宜坚持戴胸罩

产后妈妈从哺乳期开始，就要坚持戴胸罩。假若不戴胸罩，重量增加后的乳房会明显下垂。特别是在工作、走路等乳房震荡厉害的情况下，下垂会更加明显。戴上胸罩，乳房有了支撑，乳房血液循环通畅，对增进乳汁的分泌和提高乳房的抗病能力都有好处，还能保护乳头免受擦伤。

黑芝麻山药粥

牛肉炒菠菜

非哺乳妈妈
一日食谱推荐

早餐

豆沙包	1个
煮鸡蛋	1块
黑芝麻山药粥	1碗

　　黑芝麻中的铁可预防贫血、活化脑细胞。凡肝肾不足、虚风眩晕、耳鸣、头痛的妈妈不妨多吃些黑芝麻。

中餐

小米饭	1碗
西红柿蛋汤	1份
牛肉炒菠菜	1份

　　牛肉具有补脾胃、益气血、强筋骨等作用，能够补充失血和修复组织；菠菜含铁丰富能帮助产后妈妈补血。

产后宜忌
产后洗澡不宜盆浴

　　产后妈妈洗澡的方式早期以擦浴为宜，之后可以淋浴，但月子期间千万不要盆浴。因为产后在子宫腔、阴道、会阴等处都不同程度地留有创面，洗澡用过的脏水可以灌入生殖道及其创面而引起感染，所以不能盆浴。

牛肉炒菠菜

原料：牛肉150克，菠菜100克，姜末、盐、花生油、白糖、酱油、淀粉各适量。

做法：①菠菜洗净切长段；牛肉横纹切薄片，将姜末、盐、花生油、白糖、酱油、淀粉加适量水调匀，放入牛肉片中拌匀备用。②将菠菜放入锅中，加盐煸炒片刻，盛入盘中备用。③将牛肉放入炒至变色，取出盛于菠菜上即可。

第 产后 **22** 天

麦芽山楂蛋羹

小鸡炖蘑菇

虾仁蒸饺

日间加餐

熟板栗	5粒
饼干	2块
麦芽山楂蛋羹	1份

　　山楂营养丰富，可以开胃消食，有活血化淤的作用；麦芽可以消食开胃，退乳消胀，能够帮助非哺乳妈妈回乳。

晚餐

馒头	1个
清炒油麦菜	1份
小鸡炖蘑菇	1份

　　鸡肉和蘑菇能增强人体免疫力，具有抗病毒的作用。蘑菇中的膳食纤维还对预防便秘十分有利。

晚间加餐

牛奶	1杯
火龙果	半个
虾仁蒸饺	1份

　　虾营养丰富，含有丰富的钾、碘、镁、磷等矿物质及维生素A、氨茶碱等成分，是产后妈妈极好的食物。

产后宜忌
产后忌睡过软的床

　　妈妈的卵巢在妊娠末期分泌第三种激素，即松弛素。由于松弛素的作用，产后的骨盆失去完整性和稳固性。如果此时睡过软的床，妈妈的活动会有一定的阻力，不利于翻身坐起。而且，睡在太软的床上身体重心也不稳定，起床或翻身时，容易导致盆骨损伤。所以，产后妈妈最好选择板床或较硬的棕床。

小鸡炖蘑菇
原料：童子鸡200克，蘑菇8个，葱段、姜片、酱油、料酒、盐、白糖各适量。

做法：①将童子鸡剖洗净，剁成小块。②将蘑菇用温水泡开，洗净备用。③将鸡块放入锅中翻炒，至鸡肉变色放入葱段、姜片、盐、酱油、白糖、料酒，将颜色炒匀，加入适量水。水沸后放入蘑菇，中火炖熟即可。

产后宜忌
产后瘦身忌依靠束腹带

　　产后瘦身不能靠束腹带，因为束腹带的主要作用是帮助固定腹壁，防止内脏下垂，但是束腹带并没有减肥瘦身的功效。过紧的束腹带会使人呼吸受阻，膈肌上下移动受限，这样会影响到肺部呼吸，导致头晕、胸闷等慢性缺氧症状。

肉末菜粥　　　　　　　　　　　豆芽炒肉丁

一日食谱推荐

早餐

菠萝	1块
土豆饼	1个
肉末菜粥	1碗

原料：粳米80克，猪肉末50克，青菜、葱花、姜末、盐各适量。

做法：①将粳米淘洗干净，放入锅内，加入水，用大火烧开后，转小火煮透，熬成粥。②将肉末放入锅中炒散，放入葱花、姜末炒匀。③将青菜切碎，放入锅中与肉末拌炒均匀。④将锅中炒好的肉末和青菜放入米粥内，加入盐调味，稍煮一下即可。

功效：此粥含有丰富的优质蛋白质、脂肪酸、钙、铁和维生素C，能促进血液循环、散血消肿、活血化淤、强身健体。

中餐

米饭	1碗
萝卜汤	1份
豆芽炒肉丁	1份

原料：黄豆芽100克，猪肉150克，料酒、鲜汤、盐、酱油、白糖、葱段、姜片、淀粉各适量。

做法：①将黄豆芽洗净去皮，沥去水；猪肉洗净，切成小丁，用淀粉抓匀上浆。②将肉丁放入锅中翻炒，倒入漏勺沥油。③锅中放入葱段、姜片，放入黄豆芽、料酒、酱油略炒，再放入白糖，加鲜汤、盐，用小火煮熟，放入肉丁炒匀，再用淀粉勾芡即可。

产后宜忌

忌随便使用中药

　　虽然有些中药对产后妈妈有滋阴养血、活血化淤的作用，可以增强妈妈的体质，促进子宫收缩，但有些中药有回奶作用，如大黄、炒麦芽等，哺乳妈妈要慎重使用。

第　　　天

三鲜汤面

哺乳妈妈因为要照顾宝宝，还要通过哺乳提供大量的热量给宝宝，所以恢复体力还需要食用各种能增强体力的食物，如海参、猪肉、虾肉，鳝鱼等。

扫一扫，
看视频学做菜

日间加餐

杏仁	5 颗
草莓	5 颗
豆浆瘦肉粥	1 碗

豆浆含有丰富的植物蛋白、磷脂、维生素 B_1、维生素 B_2、烟酸和铁、钙等矿物质，可以帮助产后妈妈恢复身材和美容。

晚餐

苹果	1 个
醋熘圆白菜	1 份
三鲜汤面	1 份

原料：面条 50 克，鸡肉 30 克，虾肉 20 克，香菇 2 个，鸡蛋 1 个，盐、酱油、料酒各适量。

做法：①将虾肉、鸡肉、香菇洗净，分别切成细条状；鸡蛋煎熟备用。②锅中加水，烧沸后放入面条，煮熟。③油锅烧至七成热，放入虾肉、鸡肉、香菇翻炒，加料酒、酱油和适量水，烧开后加盐调味，浇在面条上，放入煎好的鸡蛋，即可。

晚间加餐

饼干	2 块
核桃	2 个
木耳肉丝蛋汤	1 份

木耳营养丰富，具有益气强身、滋肾养胃、活血等功能，有利于产后妈妈的营养补充和宝宝的生长发育。木耳中的胶质可把残留在人体消化系统内的灰尘、杂质吸附集中起来排出体外，从而起到清胃涤肠的作用。

补蛋白增活力菜谱：板栗鳝鱼煲

功效：鳝鱼可滋阴补血，对产后妈妈筋骨酸痛、步行无力、精神疲倦、气短懒言等都有良好疗效。其蛋白质含量比一般鱼类多，是良好的补益食品。

用法：可在午餐或晚餐食用。

原料：鳝鱼 200 克，板栗 20 克，姜片、盐、料酒各适量。

做法：①鳝鱼去肠及内脏，洗净后用热水烫去黏液。②将处理好的鳝鱼切成 4 厘米长的段，放盐、料酒拌匀，备用。③板栗洗净去壳，备用。④将鳝鱼段、板栗、姜片一同放入锅内，加入清水煮沸后，转小火再煲 1 小时。⑤出锅时加入盐调味即可。

红小豆山药粥

嫩炒牛肉片

非哺乳妈妈
一日食谱推荐

早餐

煮鸡蛋	1个
酱肉包	1个
红小豆山药粥	1碗

原料：红小豆、薏米各20克，山药1根，燕麦片适量。

做法：①红小豆和薏米洗净后，放入锅中，加适量水，用中火烧沸，煮两三分钟，关火，焖30分钟。②山药削皮，洗净切小块；燕麦片切碎。③将山药块和燕麦片倒锅中，用中火煮沸后，关火，焖熟即可。

产后宜忌
忌不重视皮肤护理

怀孕生产的过程因为激素的变化及孕期的长期不适、睡眠不足，会让胶原蛋白的流失增加，色素沉淀，皮肤老化比较快。坐月子的这段时间，妈妈一定要好好呵护皮肤，否则就会进入"黄脸婆"的行列。

中餐

米饭	1碗
香蕉	1根
嫩炒牛肉片	1份

原料：牛肉250克，葱花、姜丝、香油、酱油、料酒、水淀粉、盐各适量。

做法：①将牛肉切成薄片，放在碗里，加适量淀粉和少量水，抓拌均匀。②将牛肉片放入锅中，用筷子划开炒熟，之后放入葱花、姜丝、料酒、酱油、盐、翻炒几下，用水淀粉勾芡，淋上香油即可。

产后宜忌
宜多参与宝宝的喂养

如果新妈妈不能进行母乳喂养，家人一定要多体谅，多宽慰新妈妈，尽量不要让新妈妈有负疚感。人工喂养时多让新妈妈参与，不能一味地代替新妈妈，让新妈妈与宝宝尽快建立亲密的母子关系，让宝宝熟悉新妈妈的味道。

蒲公英粥

产后妈妈也要做到荤素搭配，避免偏食，以免导致某些营养素缺乏，让自己的体质下降。所以，富含蛋白质及钙、磷、铁等矿物质的食物要多食用。

日间加餐

鲜荔枝	5 颗
杏仁	5 颗
蒲公英粥	1 碗

蒲公英含有丰富的营养价值，含有多种微量元素及维生素等，还能清热解毒，对产后患急性乳腺炎的妈妈很有帮助。

晚餐

千层饼	1 个
清炒白菜	1 份
猪肝汤	1 份

猪肝含有丰富的铁、磷，是造血不可缺少的原料，能够缓解产后妈妈的疲劳，补血健体。产后妈妈还可以吃鸡肝、鸭肝等动物肝脏。动物肝脏中维生素 A 的含量远远超过奶、蛋、肉、鱼等食品，具有维持正常生长和生殖机能的作用。

晚间加餐

香蕉	1 根
小蛋糕	1 个
黄瓜鸡蛋汤	1 份

黄瓜中含有丰富的维生素 E，可起到延年益寿，抗衰老的作用；黄瓜中的黄瓜酶，有很强的生物活性，能有效地促进机体的新陈代谢。

滋补养胃营养佳品：莲子薏米煲鸭汤

功效：鸭肉的营养价值很高，有滋补、养胃、补肾、消水肿、止咳化痰等作用，鸭肉中的脂肪酸熔点低，易于消化，适合产后妈妈恢复身体食用。

用法：可在午餐食用。

原料：鸭肉 150 克，莲子 10 克，薏米 20 克，葱段、姜片、百合、料酒、白糖、盐各适量。

做法：①把鸭肉切成块，放入开水中焯一下捞出后放入锅中。②在锅中依次放入葱段、姜片、莲子、百合、薏米，再加入料酒、白糖，倒入适量开水，用大火煲熟。③待汤煲好后出锅时加盐调味即可。

草莓牛奶粥

芦笋鸡丝汤

一日食谱推荐

早餐

香菇猪肉包	1个
凉拌芹菜	1个
草莓牛奶粥	1碗

原料：新鲜草莓10个，香蕉1根，粳米80克，牛奶250毫升。

做法：①草莓去蒂，洗净，切块；香蕉去皮，放入碗中碾成泥；粳米洗净。②将粳米放入锅中，加适量清水，大火煮沸。③然后放入草莓、香蕉泥，同煮至熟，倒入牛奶，稍煮即可。

功效：草莓含有丰富的维生素C，可帮助消化；香蕉可清热润肠，促进肠胃蠕动。此粥清香爽口，会让新妈妈从早餐开始快乐的一天。

中餐

米饭	1碗
黄瓜炒鸡蛋	1份
芦笋鸡丝汤	1份

原料：芦笋、鸡胸肉各100克，金针菇20克，鸡蛋清、高汤、淀粉、盐、香油各适量。

做法：①鸡胸肉切长丝，用蛋清、盐、淀粉拌匀腌20分钟。②芦笋洗净，切成长段；金针菇洗净沥干。③鸡肉丝先用开水烫熟，见肉丝散开即捞起沥干。④锅中放入高汤，加鸡肉丝、芦笋、金针菇同煮，待熟后加盐，淋上香油即可。

产后宜忌

宜适当服用铁补充剂

很多产后妈妈在怀孕期间都会缺铁，生产过程中，由于失血较多，也需要补充铁元素来帮助身体制造红细胞。需要提醒注意的是，补充剂并不能作为健康饮食的代替品。

第

天

清炒油菜

牛肉、鸡肉是妈妈恢复元气的不错选择，最好配合着萝卜、芦笋等蔬菜同食，这样不仅能提高免疫力，强身健体，还能补充肉类所缺少的维生素。

日间加餐

橙子	1个
腰果	5颗
西红柿蔬菜汤	1份

　　此汤具有生津止渴，健胃消食，清热解毒，补血养血和增进食欲的功效。蔬菜中含有多种维生素、矿物质，是十分健康的食物，产后妈妈应多食用。

晚餐

馒头	1个
花生猪骨粥	1碗
清炒油菜	1份

原料：油菜400克，蒜瓣3~5个，盐、砂糖、水淀粉各适量。

做法：①油菜洗净，沥干水分。② 油锅烧热，放入蒜瓣爆出香味。③油菜下锅炒至三成熟，在菜根部撒少许盐。④炒匀至六成熟，加少许糖，淋入水淀粉勾芡，即成（冬天大棚种的油菜糖分少，水分多，要加糖勾芡，可以防止水分溢出）。

晚间加餐

饼干	2块
葡萄干	1把
红枣桂圆汤	1份

　　红枣桂圆汤可以补气血，益脾胃，非常适用于产后贫血、神经衰弱、失眠、脾胃虚弱的妈妈食用，可以帮助妈妈提升元气。

补中益气养脾胃营养汤：牛肉萝卜汤

功效：牛肉富含蛋白质，可以补中益气、滋养脾胃、强健筋骨。萝卜能增强机体免疫力，并能抑制癌细胞的生长，对防癌、抗癌有重要作用。

用法：可在午餐或晚餐食用。

原料：牛肉、萝卜各100克，香菜、酱油、香油、盐、葱末、姜末各适量。

做法：①将萝卜洗净，切成片；牛肉洗净切成块，放入碗内，加酱油、盐、香油、葱末、姜末入味。②锅中放入适量开水，先放入萝卜片，煮沸后放入牛肉丝，稍煮。③等牛肉丝煮熟后加盐调味，撒上香菜即可。

羊肝萝卜粥

冬笋炒牛肉

非哺乳妈妈
一日食谱推荐

早餐

鲜肉包子	1个
炝黄瓜	1个
羊肝萝卜粥	1碗

原料：羊肝、胡萝卜各 50 克，粳米 30 克，料酒、葱花、姜末、盐各适量。

做法：①将羊肝洗净，切片；胡萝卜洗净，切成小丁；羊肝用料酒、姜末腌 10 分钟。②羊肝倒入锅中，用大火略炒，盛起。③将粳米用大火熬成粥后加入胡萝卜丁，焖 15~20 分钟，再加入羊肝，放入盐和葱花即可。

功效：羊肝含铁丰富，铁质是生产血红蛋白必需的元素，可使皮肤红润；羊肝中还富含维生素 B_2，能促进身体的代谢。

中餐

五谷饭	1碗
黄瓜海鲜汤	1份
冬笋炒牛肉	1份

原料：牛肉、冬笋各 100 克，姜片、葱段、盐、料酒、酱油、淀粉、花生油、小苏打各适量。

做法：①牛肉洗净，切成薄片，放小苏打、盐、酱油、淀粉、花生油稍腌；冬笋洗净切片，汆烫，捞出控干水分。②在碗中放盐、酱油、淀粉调好备用。③将姜片、葱段放入锅中，待炒出香味后，将牛肉片、笋片放入锅中翻炒片刻，加入料酒，倒入碗中调好的汁，翻匀出锅即可。

> **产后宜忌**
> **忌长时间使用电脑**
>
> 月子期间最好不要使用电脑，因为电脑的屏幕比较刺眼，长时间注视屏幕会伤害眼睛。产后妈一定要经常闭目养神，保护好自己的眼睛。

玉米粉粥

非哺乳妈妈要多吃一些抗疲劳、增强体质的食物，牛肉、豆腐、海参都是不错的选择，不仅可以补血强身，还能缓解疲倦感。

日间加餐

香蕉	1根
核桃	2个
玉米粉粥	1碗

玉米粉含有较高的膳食纤维，可以加速肠胃蠕动。对产后妈妈的恢复很有帮助。

晚餐

奶酪	1块
小炒肉	1份
香菇豆腐汤	1份

香菇能增强人体免疫功能；豆腐可以预防和抵制骨质疏松症，帮助产后妈妈强健骨骼，减少腰酸。

晚间加餐

饼干	2块
开心果	5个
水果粥	1碗

水果粥清爽可口，容易消化，而且粥中的苹果、菠萝和葡萄干含有多种维生素和矿物质，能够帮助产后妈妈缓解疲劳、补血益气。

补气养血佳品：海参当归补气汤

功效：海参当归补气汤是修补元气的滋补汤品，可以改善腰酸乏力、困乏倦怠等状况，具有固本补气、补肾益精的功效。海参是零胆固醇的食品，蛋白质高，适合产后虚弱、消瘦乏力、肾虚水肿的妈妈食用。

用法：可在午餐食用。

原料：海参50克，黄花菜、荷兰豆各30克，当归、百合、姜丝、盐各适量。

做法：①先用热水将海参泡发，从腹下开口取出内脏，放入锅中煮一会儿，捞出，沥干水；黄花菜泡好，沥干，备用。②锅中爆香姜丝，放入泡好的黄花菜、荷兰豆、当归，加入适量清水煮沸。③最后加入百合、海参，用大火煮透后，加入盐调味即可。

豆豉羊髓粥　　　　　　薏米西红柿炖鸡

一日食谱推荐

早餐

素馅包子	1 个
煮鸡蛋	1 个
豆豉羊髓粥	1 碗

原料：熟羊髓 30 克，粳米 20 克，豆豉、薄荷、葱段、姜片、盐各适量。

做法：①粳米洗净，浸泡 30 分钟，备用。②锅内放入葱段、姜片、豆豉，用清水煮沸；稍后放入薄荷，稍煎煮后去渣取汁。③用豆豉薄荷汁煮粳米，至粳米完全熟透后，放入羊髓。④出锅时放入盐调味即可。

功效：此粥可祛风、清热、解毒，适用于产后哺乳期内乳腺炎初起，局部红、肿、热、痛的妈妈。预防哺乳期急性乳腺炎的关键在于避免乳汁淤积，防止乳头损伤，并保持乳头清洁。哺乳后应及时清洗乳头，加强孕期卫生保健。

中餐

米饭	1 碗
芹菜炒木耳	1 份
薏米西红柿炖鸡	1 份

原料：薏米 50 克，鸡腿 1 个，西红柿 1 个，盐适量。

做法：①薏米洗净，放入锅中，加适量水，用大火煮沸后转小火熬 30 分钟。②鸡腿洗净，剁成块，放入沸水中氽烫捞起；西红柿去皮，切成块状。③将鸡块、西红柿加入薏米中，转大火煮沸后再转小火炖至鸡肉熟烂，加盐调味即可。

产后宜忌

产后宜适量吃粗粮

产后妈妈要适量吃些粗粮，如燕麦、玉米、小米、红薯等。这些粗粮富含膳食纤维和 B 族维生素，吃后不仅不容易产生饥饿感，还不会吃得太多，可以避免能量摄入过多，帮助产后妈妈恢复体形。

第

天

莲子百合粥

哺乳妈妈在饮食上注意多食用促进泌乳的食物，在生活上也要注意乳房的清洁卫生，以防止乳腺炎的发生。

日间加餐

桃	1 个
榛子	5 颗
莲子百合粥	1 碗

　　百合有补肺、润肺、清心安神、消除疲劳和润燥止咳的作用；莲子有健脾、补肾的作用。产后妈妈食用此粥可以养气安神、补血健体。

晚餐

花卷	1 个
苦瓜煎蛋	1 份
金针木耳肉片汤	1 份

　　金针菇能促进体内的新陈代谢，有利于食物中各种营养素的吸收和利用，食用金针菇还能缓解妈妈因哺喂宝宝而产生的疲劳感。木耳的胶质可以促进残留在人体肠道内的废弃物的排出，从而起到清胃涤肠的作用。

晚间加餐

腰果	5 颗
酸奶	1 杯
鸡蛋羹	1 份

　　鸡蛋富含人体必需的 8 种氨基酸，能补气润肺，使皮肤润滑，有助于延缓衰老。

补气养血脾胃营养汤：黄鱼豆腐煲

功效：黄鱼含有丰富的蛋白质和B族维生素，有健脾升胃、益气填精的功效，对贫血、失眠、头晕、食欲不振和妈妈产后体虚有很好的补益作用。

用法：可在午餐或晚餐食用。

原料：黄花鱼 1 条，水发香菇 4 个，春笋 20 克，豆腐 1 块，鲜汤、料酒、酱油、盐、白糖、香油、淀粉各适量。

做法：①将黄花鱼去鳞、鳃、内脏，洗净，切成两段，放在碗中，加酱油浸渍一下。②豆腐切小块；水发香菇切片。③黄花鱼放入锅中，煎至两面结皮、色金黄时，加酱油、料酒、白糖、春笋片、香菇片、鲜汤烧沸，放入豆腐，转小火，加盐调味，炖至熟透，用淀粉勾芡，淋入香油即可。

猪肝菠菜粥

蘑菇瘦肉豆腐羹

非哺乳妈妈
一日食谱推荐

早餐

奶酪	1 块
花卷	1 个
猪肝菠菜粥	1 碗

原料：粳米、猪肝各 30 克，菠菜 50 克，盐、姜丝、葱花各适量。

做法：①粳米淘洗干净，浸泡半小时后捞出沥干；猪肝洗净，切成薄片；菠菜洗净，切段。②锅内倒入适量清水，放入粳米，用大火煮沸，然后改用小火煮成稀饭。③放入猪肝、菠菜、姜丝、葱花，加盐调好味，继续煮至猪肝熟透即可。

功效：这是一份补肝、明目、养血的粥品。此粥中含有大量的胡萝卜素和铁，可以改善缺铁性贫血。粥中还含有大量的抗氧化剂如维生素 E 和硒元素，具有抗衰老、促进细胞增殖作用，既能激活大脑功能，又可增强青春活力，有助于防止大脑的老化。

中餐

米饭	1 碗
芹菜炒虾仁	1 份
蘑菇瘦肉豆腐羹	1 份

原料：蘑菇、猪瘦肉各 50 克，豆腐 100 克，胡萝卜、盐、鲜汤、香油、淀粉、葱花、姜末各适量。

做法：①蘑菇洗净后切开；猪瘦肉、胡萝卜洗净都切成片；豆腐洗净切成块。②锅内香油烧热后，加入葱花、姜末爆出香味，放入猪瘦肉、蘑菇翻炒，加入盐、鲜汤，放入豆腐、胡萝卜。③烧约 10 分钟，用淀粉勾芡即可。

产后宜忌
产后忌提早过性生活

月子期间要避免性生活，因为需要 8 周左右的时间，生殖器官才能基本复原，如果这时进行性生活，会延迟伤口的愈合，不仅让新妈妈感觉疼痛，还会继发感染甚至使伤口裂开。

南瓜牛肉汤

　　妈妈在补虚的同时仍然要进行补血，菠菜、猪肝、乌鸡、虾仁都应食用，同时还要适当吃些水果，补充全面的营养。

日间加餐

核桃	2个
饼干	2块
酸奶	1杯

　　酸奶能提高产后妈妈的免疫功能，还能维护肠道菌群生态平衡，形成生物屏障，抑制有害菌对肠道的入侵。

晚餐

香菇肉片	1份
白菜饺子	1份
南瓜牛肉汤	1份

原料：南瓜50克，牛肉100克，盐适量。

做法：①南瓜洗净，切成块，备用。②牛肉洗净后切成块，放入沸水中焯变色后捞出，备用。③锅中放入适量清水，用大火煮开以后，放入牛肉和南瓜，煮沸，转小火煲熟，加盐调味即可。

晚间加餐

面包	2片
苹果	1个
红枣糯米豆浆	1杯

　　黄豆补钙，红枣养血，糯米暖胃。此豆浆含有丰富的植物蛋白、磷脂、B族维生素、烟酸和铁、钙等矿物质，可以防治缺铁性贫血。

补虚养血健骨明星粥品：粟米鸡肝粥

　　功效：鸡肝中铁质丰富，具有营养保健功能，是最理想的补血佳品之一。

　　用法：可在早餐或晚餐食用。

　　原料：鸡肝30克，粟米、粳米各50克，葱末、姜末、料酒、盐、香油各适量。

　　做法：①将粟米、粳米淘洗干净；将鸡肝冲洗干净，切成片，放入碗内，加入盐、葱末、姜末，调拌均匀。②锅中放入粟米、粳米，加适量清水，熬煮至粥将成时，加入鸡肝，煮熟后加入盐调味，淋上香油即可。

黄芪橘皮红糖粥

豆芽排骨汤

一日食谱推荐

早餐

苹果	1 个
面包	1 块
黄芪橘皮红糖粥	1 碗

原料：黄芪 30 克，粳米 80 克，橘皮 3 克，红糖少许。

做法：①黄芪洗净，煎煮取汁；橘皮洗净，切细条；粳米洗净。②将粳米放入锅中，加入煎煮汁液和适量清水，熬煮至七成熟。③将准备好的橘皮放入粥中，同煮至熟，加红糖调匀即可。

> **产后宜忌**
>
> **服药宜注意时间的调整**
>
> 产后妈妈常会出现一些不适，有时可能需要服用药物。服药时一定要注意调整喂奶时间，最好在哺乳后马上服药。并且，要尽可能地推迟下次给宝宝喂奶的时间，至少隔 4 小时，这样会使奶水中的药物浓度降到最低，尽量使宝宝少吸收药物。

中餐

米饭	1 碗
芹菜炒牛肉	1 份
豆芽排骨汤	1 份

原料：黄豆芽 100 克，排骨 150 克，盐适量。

做法：①黄豆芽洗净。②排骨切块，放入沸水中氽烫，捞起。③将黄豆芽、排骨放入锅中，加适量水，用大火煮沸，转小火炖熟，加盐调味即可。

功效：吃黄豆芽对产后妈妈预防贫血大有好处，还有健脑、抗疲劳的作用。猪排骨能提供人体生理活动必需的优质蛋白质、脂肪，尤其是丰富的钙质能够通过妈妈的乳汁维护宝宝的骨骼健康。

第

天

玉米干贝粥

哺乳妈妈在恢复体力的同时，也不能忘了通乳，使自己和宝宝都健康。补血的菠菜、西红柿、红小豆，促进泌乳的豌豆、猪肝等都需要食用。

日间加餐

小蛋糕	1 个
南瓜子	1 份
菠菜牛奶汤	1 份

牛奶中含有丰富的蛋白质、维生素及钙、钾、镁等矿物质，可以为妈妈提供充足的营养，也能带给宝宝生长发育所必需的营养。

晚餐

苹果	1 个
西红柿炒蛋	1 份
玉米干贝粥	1 碗

原料：粳米 50 克，干贝 10 克，猪肉 30 克，玉米粒、胡萝卜、盐各适量。

做法：①胡萝卜切丝；猪肉剁成肉末；干贝泡软撕成丝。②把粳米和玉米粒一同放入锅中煮成粥。③加入胡萝卜丝、猪肉末和干贝丝，煮熟后加盐调味，即可。

晚间加餐

香蕉	1 根
核桃	2 个
小米麦片粥	1 碗

此粥可以补血养心、安神益智，可用于产后妈妈气血不足、失眠健忘，帮助妈妈睡眠。妈妈养足精神才有精力照顾宝宝。

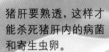

猪肝要熟透，这样才能杀死猪肝内的病菌和寄生虫卵。

补血通乳健体明星菜谱：豌豆猪肝汤

功效：豌豆中富含优质蛋白质，可以提高产后妈妈的抗病能力和康复能力，对乳汁不通也有调节作用。产后妈妈食用此汤可以加快身体复原，促进乳汁分泌。

用法：可在早餐或晚餐食用。

原料：豌豆 150 克，猪肝 100 克，姜片、盐各适量。

做法：①猪肝洗净，切成片；豌豆在凉水中泡发。②锅中加水烧沸后放入猪肝、豌豆、姜片一起煮半小时。③待熟后，加盐调味即可。

红小豆冬瓜粥

茄子炒牛肉

非哺乳妈妈
一日食谱推荐

早餐

火龙果	1个
葱花饼	1个
红小豆冬瓜粥	1碗

原料：粳米30克，红小豆20克，冬瓜、白糖各适量。

做法：①红小豆和粳米洗净，泡发；冬瓜去皮，切片。②在锅中加适量清水，用大火烧沸后，放入红小豆和粳米，至红小豆开裂，加入冬瓜同煮。③熬至冬瓜呈透明状，加白糖即可。

功效：红小豆有清心养神、健脾益肾功效；红小豆还有较多的膳食纤维，具有良好的润肠通便、降血压、降血脂、调节血糖、解毒抗癌、预防结石、健美减肥的作用。

中餐

米饭	1碗
菠菜丸子汤	1份
茄子炒牛肉	1份

原料：熟牛肉100克，茄子150克，水淀粉、葱段、盐各适量。

做法：①将熟牛肉切成小片；茄子洗净，切片。②将茄子放入锅中煸炒，加入盐，将熟时放入牛肉片。③炒一会儿后撒下葱段，调味炒熟，加水淀粉勾芡即可。

> **产后宜忌**
> **产后宜对身体进行按摩**
>
> 　　对于产后妈妈来说，按摩可以帮助妈妈迅速恢复身体健康。不过按摩需要一定的技巧，正确的按摩可以疏通经络、调和气血、平衡阴阳、调理脏腑，能促进产后妈妈各系统、器官的恢复。所以，产后妈妈一定要正确地对身体进行按摩。

第

26
产后

天

银耳桂圆汤

非哺乳妈妈可以吃些含有膳食纤维的食物，以防止便秘，从而加速排毒，恢复身体。

日间加餐

葡萄干	1 把
苹果	1 个
红薯饼	1 个

　　红薯含有丰富的淀粉、膳食纤维、胡萝卜素、维生素 A、B 族维生素、维生素 C，以及钾、铁、铜、硒、钙等十余种矿物质和亚油酸等，能帮助产后妈妈补充多种营养，还能防止产后便秘。

晚餐

鸡汁粥	1 碗
土豆炖排骨	1 份
黑芝麻花生粥	1 份

原料：黑芝麻 50 克，花生 50 克，粳米 50 克，冰糖适量。

做法：①粳米洗净，用清水浸泡 30 分钟，备用。②黑芝麻炒香；花生碾碎。③将粳米、黑芝麻、花生碎一同放入锅内，加清水用大火煮沸后，转小火煮至粳米熟透，出锅时加入冰糖即可。

晚间加餐

猕猴桃	1 个
核桃	2 个
银耳桂圆汤	1 份

原料：银耳 30 克，桂圆肉 15 克，冰糖 20 克。

做法：①银耳泡发，去蒂，切小朵；桂圆肉洗净。②将银耳、桂圆放入沙煲中，加适量清水，以中火煲 45 分钟。③放入冰糖，以小火煮至冰糖溶化即可。

益气补血佳品：什锦海鲜面

功效：鱿鱼富含蛋白质、钙、磷、铁等，并含有十分丰富的硒、碘、锰、铜等矿物质，可以补充脑力；鲑鱼肉有补虚劳、健脾胃、暖胃和中的功能。

用法：可在早餐、午餐或晚餐食用。

原料：面条 50 克，蛤蜊 2 个，虾 2 只，鱿鱼 1 只，鲑鱼肉 20 克，香菇 2 朵，里脊肉 15 克，葱段、香油、盐各适量。

做法：①虾洗净，挑出肠泥；鱿鱼、里脊肉切片；蛤蜊吐沙。②香油倒入锅中烧热，放葱段和肉片炒香，之后放入蛤蜊、香菇和适量水煮开。③将鱿鱼、鲑鱼放入锅中煮熟，加盐调味后盛入碗中。④面条用开水煮熟，捞起放入碗里即可。

鳝鱼粉丝煲

哺乳妈妈一日食谱推荐

早餐

苹果	1个
鹌鹑蛋	3个
肉末粥	1碗

原料：粳米 30 克，猪肉末 20 克，盐、葱花各适量。

做法：①粳米洗净，放入锅内，加适量水，大火烧开后中小火熬至稀粥状。②在油锅中将葱花爆香，放入肉末翻炒。③待肉末变色，加盐再翻炒几下，待熟后放入粥中，搅匀即可。

产后宜忌

忌强力挤压乳房

乳房受外力挤压，有两大弊端：一是乳房内部软组织易受到挫伤，或使内部引起增生等。二是受外力挤压后，较易改变外部形状，使上耸的双乳下塌下垂。所以产后妈妈应避免用力挤压乳房。

中餐

米饭	1碗
西红柿炒鸡蛋	1份
清炖鲫鱼	1份

原料：鲫鱼 1 条，大白菜 100 克，豆腐 50 克，冬笋、水发木耳、姜片、料酒、盐各适量。

做法：①鲫鱼去鳞及内脏，洗净后，放入锅中加油煎炸至微黄，放入料酒、姜片，加适量清水煮开。②大白菜洗净切块，豆腐切成小块。③将大白菜、豆腐块、冬笋、木耳放入鲫鱼汤中，中火煮熟后，加盐调味即可。

功效：大白菜含有维生素及膳食纤维；木耳也富含多种营养成分，并有养血活血的作用；豆腐中含有大量的钙及卵磷脂，这道菜在促进乳汁分泌的同时还能提供大量维生素和膳食纤维，非常适合哺乳妈妈食用。

晚餐

香蕉	1个
清炒藕片	1份
鳝鱼粉丝煲	1份

原料：鳝鱼 1 条，粉丝、泡萝卜各 20 克，豆瓣、姜片、鲜汤、盐各适量。

做法：①将鳝鱼洗净切成段，放沸水中汆出血水，捞出备用；粉丝温水泡涨；泡萝卜切成长条。②将豆瓣、姜片、泡萝卜条放入锅中用大火炒香。③加入鲜汤、鳝鱼段，用大火烧至八成熟，加入粉丝，熟后加盐即可。

功效：鳝鱼中的营养成分能促进皮肤的新陈代谢。粉丝的营养成分主要是碳水化合物。鳝鱼粉丝煲有很强的补益作用，特别是对身体虚弱的产后妈妈补益效果更为明显。

红烧牛肉

经过二十多天的滋补与调养，产后妈妈的身体恢复得越来越好。但是，此时还不是减肥的时候，还需要进一步加强体质，所以，妈妈还需要定时定量进餐，全面补充营养。

非哺乳妈妈一日食谱推荐

早餐

煮鸡蛋	1个
肉包	1个
银耳樱桃粥	1碗

原料：银耳20克，樱桃、粳米各30克，糖桂花、冰糖各适量。

做法：①银耳用冷水浸泡回软，洗净，撕成片；樱桃去柄，洗净。②粳米淘洗干净，用冷水浸泡半小时，捞出，沥干水分。③锅中加适量清水，放入粳米，先用大火烧沸，再改用小火熬煮。④待米粒软烂时，加入银耳，再煮10分钟左右，放入樱桃，加糖桂花拌匀，煮沸后加冰糖即可。

功效：樱桃含有多种维生素及钙、铁、磷等矿物质，可促进血红蛋白再生，既可防治缺铁性贫血，又可增强体质，健脑益智，非常适合产后妈妈食用。但樱桃不能多食，因为樱桃含铁多，再加上含有一定量的氰苷，若食用过多会引起不适。

中餐

五谷饭	1碗
香蕉	1根
冬瓜莲藕猪骨汤	1份

原料：猪腿骨300克，冬瓜150克，莲藕50克，酱油、葱花、姜片、葡萄酒、盐、香菜各适量。

做法：①猪腿骨洗净，用酱油、姜片、葡萄酒、盐腌制20分钟。②冬瓜切片；莲藕切成块。③将葱花放入锅中爆香，放入猪腿骨及腌制猪腿骨的汤汁一起煸炒。④待腿骨上的肉色稍变后转到电压力锅内，加入清水、姜片，加压焖熟。⑤撇去汤上的浮沫，放入莲藕，焖10分钟后放入冬瓜，加盐调味，熟后撒上香菜即可。

> **产后宜忌**
>
> **月子里宜谢绝探望**
>
> 产后妈妈需要一定的时间适应新的生活，因此在月子期间最好谢绝亲戚朋友的探望，这样也可以避免人多使室内空气污浊，或带来细菌和病毒，威胁妈妈和宝宝的健康。

晚餐

麦芽粥	1碗
香菇油菜	1份
红烧牛肉	1份

原料：牛肉100克，土豆、胡萝卜各20克，姜片、酱油、料酒、白糖、淀粉、盐各适量。

做法：①将牛肉洗净后切成块，用酱油、淀粉、料酒腌制。②土豆、胡萝卜洗净后切成块。③姜片在锅中爆香，放入牛肉翻炒，倒入酱油，放入白糖，加适量清水，用中火烧开。④放入土豆块、胡萝卜块，待牛肉熟烂，加盐调味即可。

功效：牛肉可以增强免疫力，促进蛋白质的新陈代谢和合成，从而有助于产后妈妈身体的恢复。

木耳猪血汤

哺乳妈妈一日食谱推荐

早餐

苹果	1个
煎鸡蛋	1个
银耳羹	1份

原料：银耳 30 克，樱桃、草莓、冰糖、淀粉、核桃仁各适量。

做法：①银耳洗净，切碎；樱桃、草莓洗净。②将银耳放入锅中，加适量清水，用大火烧开，转小火煮 30 分钟，加入冰糖、淀粉，稍煮。③放入樱桃、草莓、核桃仁，稍煮即可。

功效：银耳富含可溶性膳食纤维，对宝宝和妈妈的健康都十分有益。银耳还富含硒等微量元素，它可以增强妈妈的免疫力，帮助恢复体质。

中餐

米饭	1碗
清炒藕片	1份
虾仁豆腐	1份

原料：豆腐 200 克，虾仁 50 克，鸡蛋 1 个，葱花、姜末、盐、淀粉、香油各适量。

做法：①将豆腐切成小方丁，放入沸水中焯一下，捞出沥干。②将虾仁洗净，加盐、淀粉，用蛋液上浆。③将葱花、姜末、淀粉、香油放入小碗中，调成芡汁。④在锅中放入虾仁翻炒，熟后放入豆腐，之后倒入调好的芡汁，迅速翻炒熟即可。

产后宜忌

产后宜少用口红

　　平时用的口红是由各种油脂、蜡质、颜料和香料等成分组成。其中油脂通常采用羊毛脂，羊毛脂除了会吸附空气中各种对人体有害的重金属元素之外，还可能吸附大肠杆菌，若进入宝宝体内，会影响宝宝身体健康，所以产后妈妈尽量不要用口红。

晚餐

花卷	1个
爽口芥蓝	1份
木耳猪血汤	1份

原料：猪血 100 克，木耳 10 克，盐适量。

做法：①将猪血切块；木耳水发后撕成小块。②将猪血与木耳同放锅中，加适量水，用大火加热烧开。③用小火炖到猪血块浮起，加盐调味即可。

功效：猪血有解毒清肠、补血美容的功效。另外，猪血富含铁，对产后妈妈贫血有改善作用，是排毒养颜的理想食物。

西红柿山药粥

第四周就要结束了，妈妈的身体恢复得差不多了，但是还不能做很剧烈的运动，体质上还需要提升。此时，饮食上要选择清淡、易消化的食物，水果蔬菜都要适当食用。

非哺乳妈妈一日食谱推荐

早餐

花卷	1 个
奶汁烩生菜	1 份
猪骨菠菜汤	1 份

原料：猪骨 150 克，菠菜 50 克，盐适量。

做法：①猪骨斩段，放入沸水中氽一下，捞出沥水。②菠菜洗净，切成段。③将猪骨放入锅内，加适量清水，熬成浓汤。④锅中放入菠菜，煮熟后加盐调味即可。

功效：此汤含有蛋白质、钙、铁、维生素和胡萝卜素，营养丰富，有补铁、补血、填髓、壮骨的作用，是产后妈妈滋补调养的佳品。

中餐

米饭	1 碗
冬瓜虾米汤	1 份
红枣蒸鹌鹑	1 份

原料：鹌鹑 1 只，红枣 8 个，姜片、葱段、盐、淀粉、料酒、植物油各适量。

做法：①将鹌鹑洗净，斩成块；红枣切成小片。②将鹌鹑与红枣、姜片、葱段、盐、料酒、淀粉拌匀，放入蒸碗里。③将蒸碗放入蒸锅中，将鹌鹑蒸熟后淋上熟植物油即可。

功效：红枣可以为妈妈补血。鹌鹑的蛋白质易于人体消化吸收，很适合产后妈妈食用。

产后宜忌

产后宜预防脱发

　　分娩往往会造成产后妈妈头发营养供给不足，使毛囊细胞功能受到影响而造成脱发。因此产后妈妈们应注意饮食的多样化，及时补充维生素、蛋白质和矿物质，这将有助于头发的恢复和生长。

晚餐

红小豆饭	1 碗
清炒茭白	1 份
西红柿山药粥	1 碗

原料：西红柿 1 个，山药 15 克，粳米 50 克，盐适量。

做法：①山药洗净，切片；西红柿洗净，切块；粳米洗净，备用。②将粳米、山药放入锅中，加适量水，用大火烧沸。③之后用小火煮至呈粥状，加入西红柿块，煮 10 分钟，加盐调味即可。

功效：西红柿具有生津止渴、健胃消食、治口渴、食欲不振等功效。山药是补益类的良药，具有健脾胃的功效，可辅助治疗脾虚食少等病症，是产后妈妈的滋补佳品。

宝宝的日常护理

宝宝就要满月了！现在宝宝已初步形成了自己的睡眠、吃奶和排便规律及习惯。但是爸爸妈妈们要注意宝宝发生的意外状况，比如发烧、急诊等。在生活上要精心地护理宝宝以提高宝宝的抗病能力。

怎么为宝宝选衣服

宝宝的皮肤稚嫩，容易因摩擦导致皮肤受损。为了更好地保护宝宝的皮肤，父母在给宝宝选择衣物时一定要注意，不能因为着衣问题让宝宝健康受到威胁。

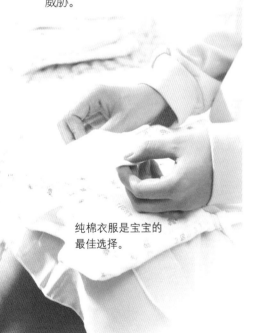

纯棉衣服是宝宝的最佳选择。

给宝宝选择衣物时，应首先查看衣物上是否有标明安全类别，以保证宝宝衣物的安全性。衣服安全类别可分为三类：

A类：婴幼儿用品。即年龄在24个月以内的婴幼儿使用的纺织产品。

B类：直接接触皮肤的产品。即在穿着时，产品会与人体皮肤有大面积接触的纺织产品。

C类：非直接接触皮肤的产品。即在穿着时，产品不直接与人体皮肤接触或仅有一小部分面积直接与人体皮肤接触的纺织产品。

另外，衣服上都含有甲醛，如果甲醛含量超标，宝宝轻则过敏，重则会咳嗽，在选择宝宝衣服的时候，一定要看衣服上所标注的甲醛含量。

如何提高宝宝的免疫力

在精心呵护宝宝的同时，爸爸妈妈们还要多花心思提升宝宝的抗病能力。

增强宝宝免疫力的最佳饮食：母乳

母乳含有丰富的增强免疫力的物质。母乳喂养的宝宝患脑膜炎、肺炎等疾病的概率比非母乳喂养的宝宝低。

增强宝宝的体质靠运动

多运动能使宝宝变得更加强壮，而且不容易出现无精打采的情况。满月时宝宝可以进行的运动有：①俯卧抬头：锻炼颈、背、四肢肌肉，扩大视野，促进智力发育。②蹬踢运动：活动双腿，锻炼下肢肌肉，可促进宝宝的肌肉发育和新陈代谢。

让宝宝睡眠充足

保证宝宝睡眠充足很重要。充分休息能使宝宝的身体做好准备，应对任何可能发生的问题，同时身体能够通过休息恢复活力，从而减轻了免疫系统的负担。每天应保证新生儿睡16~20小时；6~12个月的宝宝睡14~15个小时。

为宝宝接种疫苗

接种疫苗是通过人工的方法，使人体产生抵抗力以达到抗病防病的目的。所以爸爸妈妈要认识到预防免疫的重要性，不要让宝宝失去预防接种的最佳时机。但不是任何情况下宝宝都适宜接种疫苗的，在给宝宝接种疫苗前一定要仔细了解宝宝的身体情况是否适合接种。

以下情况宝宝一般应禁忌或暂缓接种疫苗：

1. 患有皮炎、化脓性皮肤病、严重湿疹的宝宝不宜接种，等待病愈后方可进行接种。

2. 体温超过 37.5℃，有腋下或淋巴结肿大的宝宝不宜接种，应查明病因治愈后再接种。

3. 患有严重心、肝、肾疾病和活动型结核病的宝宝不宜接种。

4. 神经系统包括脑发育不正常，有脑炎后遗症、癫痫病的宝宝不宜接种。

5. 严重营养不良、严重佝偻病、先天性免疫缺陷的宝宝不宜接种。

6. 有哮喘、荨麻疹等过敏体质的宝宝不宜接种。

7. 如果宝宝每天大便次数超过 4 次，须待恢复两周后，才可服用脊灰疫苗。

宝宝接种疫苗后可能会低烧、呕吐，接种后应在医院观察半小时再离开。

8. 最近注射过多价免疫球蛋白的宝宝，6 周内不应该接种麻疹疫苗。

9. 感冒、轻度低热等一般性疾病视情况可暂缓接种。

10. 空腹饥饿时不能预防接种。

在爸爸妈妈难以判断是否适合接种的情况下，一定要告诉医生，由医生决定。

宝宝得了急疹怎么办

幼儿急疹是宝宝早期的一种常见病，本病特点是：宝宝首先是持续三四天发高烧，体温在 39℃~40℃ 之间，热退后周身迅速出现皮疹，并且皮疹很快消退，没有脱屑、没有色素沉着。随即可有轻度腹泻。

宝宝得了幼儿急疹一般采取以下措施：

第一，给宝宝多喝水，以温开水为佳，以利出汗和排尿，促进毒物排出。

第二，要保持皮肤的清洁卫生。发热出汗时，可用温热的湿毛巾或柔软的干毛巾给宝宝擦拭，以免着凉。

第三，体温超过 39℃ 时，可用温水或 50% 酒精为宝宝擦身，防止因高热引起抽风。

第四，保持室内安静，空气要新鲜，被子不能盖得太厚太多。

第五，倘若病情反复应及时去医院就诊。

第六章

产后第五周：进餐重质不重量

新妈妈的身体变化

恶露干净，变成白带。

腹部收缩。

耻骨松弛好转，性器官基本复原。

可以做家务、照料宝宝。

宝宝的成长发育

吸吮能力增强，吸吮速度加快。

动作开始变得更自发性，反射动作开始消失。

会发出各种声音来表达感情和需要。

容易被妈妈的声音安抚，能识别妈妈的声音和脸。

绿豆百合粥　　　　　　　　　高汤水饺

早餐

煮鸡蛋	1个
葱花饼	1个
绿豆百合粥	1碗

　　绿豆有清热解毒的功效，还可以补充营养，增强体力。百合富含黏液质及维生素，对皮肤细胞新陈代谢有益。

中餐

糖醋萝卜	1份
红烧茄子	1份
高汤水饺	1份

　　饺子含有丰富的动物性和植物性蛋白质及糖类，还含有多种维生素、矿物质和膳食纤维等，有滋补作用。

一日食谱推荐

　　安排好饮食，使营养与消耗实现平衡，为产后瘦身做好准备，所以，此时要以清淡、易消化、低脂肪的食物为主。

产后宜忌

产后宜经常做乳房检查

　　由于充满了乳汁，所以产后乳房变得非常丰满、娇嫩。乳房担负着喂养宝宝的重任，乳胀、乳房疼痛等常常会来困扰妈妈，严重的还会出现乳腺炎，威胁乳房健康。因此，产后妈妈一定要经常给乳房做检查，这不仅是对妈妈的保护，也是对宝宝的健康成长负责。

高汤水饺

原料：猪肉200克，韭菜100克，面粉、鸡汤、紫菜、盐、葱花、姜末、酱油各适量。

做法：①韭菜择好洗净，切碎。②猪肉洗净，剁成泥，加酱油、盐、葱花、姜末及适量水搅拌均匀，包饺子时，加入韭菜碎调拌成馅。③面粉加温水和成面团，揉匀，搓成细条，揪剂，擀成薄皮，将调好的馅包入皮中成水饺。④锅中放入清水，用大火烧开，放入包好的饺子，煮至八成熟捞出，再放入煮沸的鸡汤中，约煮2分钟，加盐、紫菜略煮，盛入碗内即可。

香蕉银耳汤

莲藕炖牛腩

豆浆小米粥

日间加餐

酸奶	1杯
熟板栗	3颗
香蕉银耳汤	1份

　　此汤有润肠通便、润肺止咳的作用，对产后妈妈便秘也有一定效果。

晚餐

馒头	1个
西红柿炒鸡蛋	1份
莲藕炖牛腩	1份

　　莲藕的含糖量不算很高，又含有大量的维生素C和膳食纤维，对于产后便秘的妈妈十分有益。

晚间加餐

桃	1个
松子	1把
豆浆小米粥	1碗

　　此粥不仅利于消化吸收，防止便秘，还有安神助眠的作用，在为产后妈妈提供丰富营养的同时又能助眠。

产后宜忌
产后宜适当喝水

　　为了保证水分的摄入，正常人每日饮水量应为1200毫升左右。产后妈妈由于分泌乳汁应更多摄入些水分。正确的喝水习惯会使产后妈妈松弛的腹部皮肤更快地恢复弹性。但是妈妈在产后第1周最好不要喝过量的水，如果在关键的第1周不能达到"利水消肿"的目的，反而没有顾忌地喝水，就会不利于产后体形的恢复。

莲藕炖牛腩

原料：牛腩、莲藕各100克，红小豆20克，姜末、盐各适量。

做法：①牛腩洗净，切大块，放入热水中略煮一下，取出后洗净，沥干。②莲藕洗净，切成大块；红小豆洗净，并用清水浸泡30分钟。③将牛腩、莲藕、红小豆、姜末放入锅中，加适量清水用大火煮沸。④转小火慢煲2小时，出锅前加盐调味即可。

产后宜忌
产后忌烫发

　　分娩半年以内的妈妈的头发不但非常脆弱，而且极易脱落。如果再用化学冷烫精烫发，更会加剧头发脱落。另外，化学冷烫精一旦被宝宝接触、吸收，还会影响宝宝的正常生长和发育。为了宝宝的健康成长，产后妈妈最好等宝宝断奶以后或分娩一年后再烫发。

红小豆酒酿蛋

荸荠魔芋汤

非哺乳妈妈
一日食谱推荐

早餐

红小豆酒酿蛋	1 碗
煮鸡蛋	1 个
全麦面包	1 片

全麦面包富含 B 族维生素，对疲倦、腰酸背痛、食欲不振有一定的食疗功效。

中餐

炒河粉	1 份
炒三丁	1 份
荸荠魔芋汤	1 份

魔芋中特有的束水凝胶纤维，可以使肠道保持一定的充盈度，促进肠道的蠕动，加快排便速度，减轻肠道压力。

产后

第

29

天

产后宜忌
月子期间宜做体重检查

体重是人体健康状况的基本指标，过重或过轻都是非正常的表现，一旦超过限度会带来很多健康隐患。体重测量可以监测产后妈妈的营养摄入情况和身体恢复状态，时刻提醒新妈妈注意，防止不均衡的营养摄入和不协调的活动量危害身体健康。

荸荠魔芋汤

原料：荸荠 50 克，魔芋 150 克，姜丝、盐各适量。

做法：①荸荠去叶洗净，切成大片。②魔芋洗净，切成条，用热水煮 2 分钟，去味，沥干，备用。③将魔芋、荸荠、姜丝放入锅内，加清水用大火煮沸，转中火煮至荸荠熟软。④出锅时加盐调味即可。

玉米荸荠饭

扫一扫，
看视频学做菜

豌豆鸡丝

木瓜粥

日间加餐

樱桃	5 个
熟板栗	3 颗
玉米荸荠饭	1 份

　　荸荠饭可以通肠利便，防止产后妈妈便秘，对产后瘦身很有帮助。

晚餐

红小豆饭	1 个
西红柿蛋花汤	1 份
豌豆鸡丝	1 份

　　豌豆中的蛋白质含量丰富，并且含有人体所必需的 8 种氨基酸，常吃有助增强人体免疫功能。

晚间加餐

饼干	2 块
奶酪	1 块
木瓜粥	1 碗

　　木瓜有抗菌消炎、抗衰养颜、增强体质的保健功效，是产后妈妈恢复体形的佳品。

产后宜忌
产后宜食用红色蔬菜

　　产后妈妈每餐可以适当吃些新鲜蔬菜和水果，特别是红色蔬菜如：西红柿、红苋菜等，这类蔬菜具有补血、生血、活血等功效。水果要选择常温下保存的才可食用。

豌豆鸡丝

原料：豌豆 150 克，熟鸡丝 100 克，蒜片、盐、高汤、水淀粉各适量。

做法：①将豌豆洗净，放入开水中焯熟，捞出用凉水冲洗，控干水分，备用。②在锅中将蒜片爆香，放入豌豆、鸡丝煸炒，再加入盐和高汤烧沸。③待豌豆、鸡丝入味后，用水淀粉勾芡，翻炒均匀即可。

扫一扫，
看视频学做菜

产后宜忌
宜控制外出用餐次数

　　产后妈妈一定要注意控制外出用餐次数。大部分餐厅提供的食物，都会是多油、多盐、多糖、多味精，不太适合产后妈妈进补的要求。如不得不在外面就餐时，饭前应喝些清淡的汤，减少红色肉类的摄入，用餐时间控制在 1 小时之内。

香菇玉米粥　　　　　　　　　　肉末豆腐羹

一日食谱推荐

早餐

香蕉	1 根
包子	1 个
香菇玉米粥	1 碗

原料：粳米、玉米粒各 30 克，香菇 3 个，猪瘦肉、淀粉、盐各适量。

做法：①猪瘦肉洗净切粒，拌入淀粉；玉米粒洗净；粳米洗净拌入植物油。②香菇用冷水泡软，去蒂，切片，再拌入植物油备用。③在锅中加入适量清水，用大火煮开后将猪瘦肉、玉米粒、粳米、香菇一同放入锅中，用小火煮熟，最后加盐调味即可。

中餐

米饭	1 碗
葱油莴笋丝	1 份
肉末豆腐羹	1 份

原料：豆腐 100 克，肉末 50 克，水发黄花菜 15 克，酱油、盐、水淀粉、葱花、高汤各适量。

做法：①将豆腐切成小丁，用开水烫一下，捞出用凉水过凉待用。②黄花菜择洗干净，切成小段。③将高汤倒入锅内，加入肉末、黄花菜、豆腐、酱油、盐，煮沸至豆腐中间起蜂窝、浮于汤面时，淋上水淀粉，撒上葱花即可。

功效：此菜营养丰富，是获得优质蛋白质、B 族维生素和矿物质、磷脂的良好来源。木耳、黄花菜有很好的健脑益智作用。

第
天

豆浆花生饮

此时妈妈的饮食需要定时定量，既要保证自己营养的需求，又要保证喂养宝宝的乳汁营养丰富。妈妈可以适当喝一些鸡汤，多食用香菇、豆腐，既可以提高免疫力，又不会使脂肪堆积体内。

日间加餐

鹌鹑蛋	3个
饼干	2块
桂圆红枣莲子粥	1碗

此粥养血益心，安神宁志，可以缓解产后妈妈的失眠、健忘等症状。

冬瓜海带排骨汤有消暑、去湿的功效，适合在夏天喝。

晚餐

水煎包	1份
苹果	1个
香菇鸡汤	1份

原料：鸡腿1个，香菇6个，红枣3个，料酒、姜片、盐各适量。

做法：①将鸡腿洗净剁成小块，与姜片一起放入沙锅中，倒入料酒，再加适量清水，烧沸。②将香菇、红枣放入沙锅中，用小火煮。③待鸡肉熟烂后，放入盐调味即可。

晚间加餐

核桃	2个
小蛋糕	1个
豆浆花生饮	1份

原料：花生仁20克，黄豆60克。

做法：①将黄豆用清水浸泡10~12小时，捞出洗净；花生仁洗净。②把黄豆和花生仁一同放入豆浆机中，加清水至上下水位线之间，启动豆浆机，待豆浆制作完成后过滤即可。

补钙消肿瘦身营养汤：冬瓜海带排骨汤

功效：冬瓜有利尿消肿、减肥、清热解暑的功效；海带含有丰富的钙，多吃可防人体缺钙，还有降血压的作用；排骨含有大量磷酸钙、骨胶原、骨黏蛋白等，可为产后妈妈提供钙质。

用法：可在午餐或晚餐食用。

原料：猪排骨200克，冬瓜100克，海带、香菜、姜片、料酒、盐各适量。

做法：①海带先用清水洗净泡软，切成丝；冬瓜连皮切成大块；排骨斩块。②将已斩块的排骨放入烧开的水中略烫，捞起。③将海带、排骨、冬瓜、姜片一起放进锅里，加适量清水，用大火烧开15分钟后，用小火煲熟。④快起锅的时候，加料酒、盐调味即可。

大耳粥

芹菜炒土豆丝

非哺乳妈妈
一日食谱推荐

第 **30** 天 产后

早餐

三鲜包	1个
煮鸡蛋	1个
木耳粥	1碗

原料：粳米 50 克，木耳 20 克，白糖适量。

做法：①粳米洗净，用冷水浸泡后，捞出，沥干水分；木耳用冷水泡软，洗净，撕成小块。②锅中加入适量清水，倒入粳米，用大火煮沸。③改小火煮约 30 分钟，等米粒涨开以后，放入木耳拌匀，以小火继续熬煮约 10 分钟。④见粳米软烂时加白糖调味即可。

功效：木耳粥能养血驻颜，令人肌肤红润、容光焕发，并可防治缺铁性贫血。此粥还能增强产后妈妈的免疫力，促使身体的恢复。

中餐

米饭	1碗
西红柿牛腩汤	1份
芹菜炒土豆丝	1份

原料：土豆、芹菜各 100 克，胡萝卜丝、葱段、盐、酱油、醋各适量。

做法：①把土豆削去皮，切成丝；芹菜择去叶、根，切成长段。②将酱油、盐、醋放入碗内，对成汁。③油锅烧热，放入土豆丝翻炒。④放入芹菜、胡萝卜丝，迅速炒拌均匀，倒入对好的汁，撒上葱段，翻炒入味，出锅装盘即可。

产后宜忌
便秘时忌进行瘦身

产后水分的大量排出和肠胃失调极易引发便秘，而便秘时不宜瘦身，应有意识地多喝水和多吃富含植物纤维的蔬菜，便秘较严重时可以多喝酸奶和牛奶。

紫菜芋头甜粥

非哺乳妈妈此时不宜吃得太多，因为吃得太多，活动太少，又不需要哺喂宝宝，多余的营养就会积存在妈妈体内，使体重不断增加。此时非哺乳妈妈可在减少正餐摄入的情况下，补充一些水果。

日间加餐

葡萄	10 颗
腰果	5 颗
紫菜芋头甜粥	1 碗

芋头有益胃、宽肠、通便散结的作用。此粥甜软易消化，对产后妈妈便秘、恶露不尽有很好的改善作用。

晚餐

花卷	1 个
苹果	1 个
南瓜金针菇汤	1 份

原料：南瓜 100 克，荷兰豆、金针菇各 50 克，高汤、盐各适量。

做法：①南瓜切块，金针菇、荷兰豆切段。②将南瓜放入锅中，加入高汤、清水，用大火煮沸后转小火煲 15 分钟。③加入金针菇、荷兰豆转大火，熟后加盐即可。

晚间加餐

饼干	2 块
核桃	2 个
苹果热奶	1 杯

晚上睡前喝一杯苹果热奶不仅能润肠通便、帮助消化，还可以改善记忆，帮助睡眠。

益气健脾防便秘佳品：菠菜板栗鸡汤

功效：板栗是碳水化合物含量较高的干果品种，能供给人体较多的热量，并能帮助脂肪代谢，具有益气健脾，厚补胃肠的作用。此汤可以帮助产后妈妈补血通肠，提高免疫力。

用法：可在午餐或晚餐食用。

原料：鸡翅 150 克，板栗 50 克，菠菜 100 克，蒜片、姜片、料酒、盐、酱油各适量。

做法：①鸡翅洗净，放入沸水中焯透；板栗放入沸水中煮熟，剥壳去皮取肉。②菠菜洗净，放入沸水中烫一下，捞出挤干水分。③将姜片、蒜片放入锅中爆香，放入鸡翅、板栗，倒入酱油，炒至鸡翅上色，放入料酒，倒入适量清水煮开。④用小火焖至鸡翅、板栗熟烂后放入菠菜，加盐稍煮几分钟即可。

西红柿鸡片

哺乳妈妈一日食谱推荐

早餐

煮鸡蛋	1个
土豆饼	1个
何首乌红枣粳米粥	1碗

原料：粳米、何首乌各30克，红枣10个。

做法：①红枣洗净，取出枣核，枣肉备用；粳米洗净，用清水浸泡30分钟，备用。②何首乌洗净，切碎，按何首乌与清水1:10的比例，将何首乌放入清水中浸泡2小时。③浸泡后用小火煎煮1小时，去渣取汁，备用。④再将粳米、红枣、何首乌汁一同放入锅内，小火煮成粥即可。

功效：何首乌粥有净血、安神的作用，能强壮身体，延缓衰老，也是产后妈妈的保健补品。

中餐

米饭	1碗
清炒胡萝卜丝	1份
苦瓜猪肚汤	1份

原料：苦瓜1个，猪肚100克，蒜片、姜片、盐、高汤各适量。

做法：① 将猪肚用面粉揉搓，放入清水中两面洗净，然后放入开水锅中加姜片汆烫后捞起，放入冷水中，用刀刮去浮油，切条备用。②苦瓜洗净去瓤，切成长条，备用。③将蒜片、猪肚放入锅中略炒，倒入适量高汤，放入苦瓜，用中火烧沸后煮15分钟，最后加盐调味即可。

功效：苦瓜具有清热消暑、养血益气、补肾健脾、滋肝明目的功效，能预防骨质疏松、调节内分泌、抗氧化、提高人体免疫力；猪肚有补中益气、益脾胃、助消化的作用。此菜可以帮助产后妈妈健脾益胃、补虚益气。

晚餐

奶酪洋葱饼	1份
花生粥	1份
西红柿鸡片	1份

原料：鸡脯肉100克，荸荠20克，鸡蛋1个(取蛋清)，西红柿1个，淀粉、盐、白糖各适量。

做法：①将鸡脯肉洗净，切成薄片，放入碗中，加入盐、鸡蛋清、淀粉腌渍，备用。②荸荠洗净，切成薄片；西红柿洗净，切丁。③锅中放入鸡片，大火炒至鸡片变白成型后盛出；另起油锅，放入荸荠片、盐、白糖、西红柿，加适量清水，大火将其烧开，用淀粉勾芡。④最后倒入鸡片翻炒均匀即可。

功效：西红柿富含胡萝卜素、烟酸、维生素C、膳食纤维、铁、钙、磷等，有清热解毒、健胃消食等功效，可以提高妈妈的食欲。此外，鸡肉有强腰健骨的作用，帮助妈妈滋补身体。

芹菜竹笋汤

已经进补一个月了，此时，产后妈妈可选择少油、少糖、少脂肪的食物，减少肉类的摄入，以防止产后肥胖。

非哺乳妈妈一日食谱推荐

早餐

牛奶	1 杯
玉米饼	1 个
什锦鸡粥	1 碗

原料：鸡翅 1 个，香菇 3 个，虾 5 只，粳米 30 克，青菜、葱花、姜末、盐各适量。

做法：①鸡翅洗净，用沸水烫一下取出；香菇切块；青菜洗净，切碎；粳米洗净。②虾去壳，洗净后切细，用开水烫一下，捞出沥干。③锅内倒入适量清水，放入鸡翅、姜末、葱花，用大火煮开后，改用小火再煮，去其浮油。④将粳米倒入锅内，用中火煮沸，约 20 分钟后，依次加入虾、香菇、青菜搅匀，待粥熟后加盐调味即可。

功效：此粥含有丰富的蛋白质、脂肪、碳水化合物、钙、磷、铁、B 族维生素等多种营养素，产后妈妈食用此粥，可以滋养五脏，补血益气，增强抵抗力。

中餐

米饭	1 碗
芹菜炒土豆丝	1 份
萝卜炖牛筋	1 份

原料：牛筋、白萝卜各 100 克，姜末、料酒、盐各适量。

做法：①将牛筋放入沸水中煮约 1 小时后，捞出洗净，切小块。②白萝卜去皮洗净后切块备用。③在锅中将姜末爆香，放入牛筋、料酒炒约 1 分钟，倒入沙锅中，加适量清水，放入白萝卜，用大火煮开，之后用小火煮约 30 分钟。④待萝卜软烂后加盐调味即可。

功效：牛筋中含在丰富的胶原蛋白，能使皮肤更富有弹性和韧性。牛筋还有强筋壮骨的功效，有助于减轻产后妈妈腰酸腿痛。

晚餐

燕麦粥	1 碗
香菇炒鸡蛋	1 份
芹菜竹笋汤	1 份

原料：芹菜 100 克，竹笋、肉丝、盐、酱油、淀粉、高汤、料酒各适量。

做法：①芹菜洗净，切段；竹笋洗净，切丝；肉丝用盐、淀粉、酱油腌约 5 分钟备用。②高汤倒入锅中煮开后，放入芹菜、笋丝，煮至芹菜软化，再加入肉丝。③待汤煮沸加入料酒，肉熟透后加入盐调味即可。

功效：竹笋具有低脂肪、低糖、多纤维的特点，能促进肠道蠕动，帮助消化，防止便秘。芹菜还有利于产后妈妈强身健体，提高免疫力。

核桃百合粥

哺乳妈妈一日食谱推荐

苹果	1个
煮鸡蛋	1个
猪肝红枣粥	1碗

原料：猪肝100克，红枣6个，菠菜50克，粳米30克，盐适量。

做法：①猪肝洗净，切薄片；红枣洗净；菠菜去根洗净，切成长段，备用。②粳米洗净，用清水泡30分钟。③将粳米连同泡过的清水一同放入锅内，大火煮沸后，转小火再煮20分钟。④将猪肝、红枣、菠菜放入锅内，慢煮至粳米熟透，出锅时加入盐调味即可。

功效：此粥可以帮助产后妈妈益气补血、健脾壮骨，预防缺铁性贫血，以防止产后妈妈因瘦身而导致贫血。

米饭	1碗
鲜虾西芹	1份
胡萝卜蘑菇汤	1份

原料：胡萝卜100克，蘑菇、西蓝花各30克，盐适量。

做法：① 胡萝卜去皮切成小块；蘑菇洗净去根，切片；西蓝花掰成小块后洗净，备用。②将胡萝卜、蘑菇、西蓝花一同放入锅中，加适量清水用大火煮沸，转小火将胡萝卜煮熟。③出锅时加入盐调味即可。

功效：此汤含有很多能帮助消化的酶类，有促进胃肠蠕动、增进食欲的芥子油、膳食纤维等有益成分，可以促进产后妈妈消化，排毒。

> **产后宜忌**
>
> **月子期间不宜哭泣**
>
> 产后妈妈激素急剧下降，伤口还未复原，本来就已经气血耗损，若再哭泣则更伤精血，可能对眼睛造成伤害。因此产后妈妈尽量不要哭泣，看电视时也不要选那种容易跟着落泪的苦情戏，要好好地休养。

米饭	1碗
香菇肉片	1份
核桃百合粥	1碗

原料：核桃仁、鲜百合各20克，黑芝麻10克，粳米50克。

做法：①鲜百合洗净，掰成片；粳米洗净，用清水浸泡30分钟，备用。②将粳米、核桃仁、百合、黑芝麻一起放入锅中，加适量清水，用大火煮沸。③改用小火继续煮至粳米熟透即可。

功效：此粥既能健身体，又能抗衰老。核桃有补血养气、润燥通便等功效，百合能够清心安神，帮助妈妈缓解疲劳。

豆芽木耳汤

产后妈妈此时的重点就是保证自身营养和宝宝的需求，严控脂肪摄入。同时，为了以后健康瘦身，妈妈要根据自身情况进行补血，更要防止便秘。

非哺乳妈妈一日食谱推荐

早餐

猕猴桃	1个
豆沙包	1个
丝瓜粥	1碗

原料：丝瓜1个，粳米30克，白糖适量。

做法：①将丝瓜去皮、瓤，切成块；粳米洗净，备用。②将粳米放入锅中，加适量清水，放入丝瓜，用大火烧沸。③改用小火煮至粥状，加入白糖调味即可。

产后宜忌
忌使用香水

分娩后，妈妈的皮肤比较敏感，用香水可能会导致过敏，而且，宝宝的嗅觉也很敏感，过于刺激的味道也可能会让宝宝产生不适，所以，产后妈妈少喷香水为好。

中餐

米饭	1碗
蔬菜营养汤	1份
鸡丝腐竹拌黄瓜	1份

原料：鸡胸肉1块，腐竹50克，黄瓜半根，葱段、姜片、蒜蓉酱各适量。

做法：①鸡胸肉洗净；腐竹用温水泡开，切段；黄瓜洗净切丝。②在锅中放入适量清水，放进葱段和姜片；水沸后把鸡肉放入锅中，焯熟，冷却后用手撕成细丝。③将腐竹、黄瓜丝、鸡丝放入盘中。④在锅中将蒜蓉酱爆香，加水沸腾后浇在盘中即可。

功效：腐竹具有良好的健脑作用；黄瓜中含有丰富的维生素E，可起到延年益寿、抗衰老的作用；黄瓜中的黄瓜酶，还有很强的生物活性，能有效地促进机体的新陈代谢。

晚餐

花卷	1个
清炒芥蓝	1份
豆芽木耳汤	1份

原料：黄豆芽100克，木耳10克，西红柿1个，高汤、盐各适量。

做法：①西红柿的外皮轻划十字刀，放入沸水中烫熟，取出泡冷水去皮，切块；木耳泡发后切条。②锅中放入豆芽翻炒，加入高汤，放入木耳、西红柿，用中火煮熟，加入盐调味即可。

功效：豆芽能减少体内乳酸堆积，消除疲劳；常吃木耳能养血驻颜，令人肌肤红润，容光焕发，还能提高免疫力，很适合产后妈妈恢复身体和护肤食用。

宝宝得了湿疹怎么办

湿疹虽说不是什么大病，可是宝宝因为皮肤又痒又疼而哭闹不安，甚至觉都睡不好，让妈妈心疼不已。其实，只要了解了湿疹的成因，妈妈就不必惊慌失措了，就能够采取科学的方法护理宝宝。

不要给宝宝捂得过于严实，那会使湿疹加重。

宝宝湿疹的原因

湿疹是婴儿时期常见的皮肤病之一。小宝宝可能因吃奶过敏所引起，大宝宝则可能与食物过敏有关。哺乳期的妈妈吃鱼虾及蛋类也可使宝宝发生湿疹。

湿疹的外形是很小的斑点状红疹，可发生在任何部位，散布或密集在一起，一般常由面部开始，严重时会流黄水，可形成水疱，干燥时则结成黄色痂盖。湿疹痒得厉害，所以宝宝经常烦躁不安，不断搓擦搔抓，容易出血，易继发细菌感染，导致脓疱、脓痂。

护理措施

1. 保持皮肤清洁干爽：给宝宝洗澡的时候，宜用温水和不含碱性的沐浴剂来清洁宝宝的身体。洗澡时，沐浴剂必须冲净。洗完后，擦干宝宝身上的水分，再涂上非油性的润肤膏，以免妨碍皮肤的正常呼吸。宝宝的头发也要每天清洗，若已经患上脂溢性皮炎，仔细清洗头部便可除去疮痂。如果疮痂已变硬粘住头部，则可先在患处涂上橄榄油，过一会儿再洗。

2. 避免受外界刺激：家长要经常留意宝宝周围的冷热温度及湿度的变化，尤其要避免皮肤暴露在冷风或强烈日晒下。不要给宝宝穿易刺激皮肤的衣服，如羊毛、腈纶、尼龙等材料的衣服。

3. 修短指甲：妈妈要经常修短宝宝的指甲，减少抓伤的机会。还要注意不让宝宝的手到处乱抓。

4. 湿疹患儿禁种牛痘，以防发生全身性牛痘，须待湿疹痊愈才能接种。

宝宝得了湿疹怎么喂

饮食方面，如果是母乳喂养，妈妈尽量避免吃容易引起过敏的食物，如对蛋白质过敏，可单食蛋黄，暂不要吃虾、蟹等食物。但要多吃些含植物油丰富的食物，因不饱和脂肪酸通过乳汁到达宝宝体内，可阻止毛细血管脆性和通透性增高，而这正是婴儿湿疹的病理基础。

人工喂养宝宝吃东西也要适当限制，如怀疑配方奶粉过敏，可将配方奶粉多煮一些时候，最好煮开2次以去除过敏原，也可以在医生的指导下采用低敏配方奶粉。

宝宝得了湿疹慎用激素

湿疹在小宝宝是很常见的，年轻的妈妈不必为此烦恼。如果湿疹症状较轻，可以不用药，会慢慢自愈；若情况较严重，使用药物前最好先咨询一下医生，切记慎用激素，这样对于宝宝来说是最好的。

湿疹的根源是胃肠道系统的不完善，某些过敏性体质的宝宝吃进去的过敏原易透过较薄的肠壁进入血液中，由于皮下毛细血管最丰富，所以湿疹就立刻表现在皮肤上。治疗湿疹的根本不是要从数不清的物质中测试出过敏原，去回避它，而是要完善宝宝的胃肠道系统。

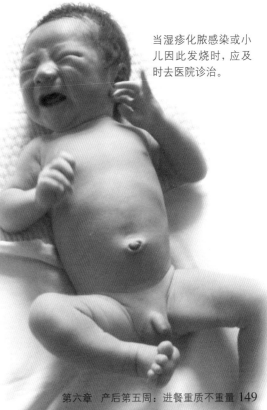

当湿疹化脓感染或小儿因此发烧时，应及时去医院诊治。

第七章

产后第六周：瘦身从现在开始

新妈妈的身体变化

阴道壁多少有些萎缩，容易受伤。

复原若不好，会出现发烧、疼痛、出血的状况。

子宫内膜基本复原。

宝宝的成长发育

俯卧时，不但能抬头数秒，还能伸展小腿。

对物品的记忆持续增强。

模糊地注视着周围环境。

看到别人微笑时会跟着微笑。

红薯山药小米粥

藕拌黄花菜

早餐

凉拌花生仁	1份
煮鸡蛋	1个
红薯山药小米粥	1碗

　　红薯被营养学家们称为营养最均衡的保健食品，能保持血管弹性，对防治产后妈妈便秘十分有效。

中餐

米饭	1碗
芙蓉鲫鱼	1份
藕拌黄花菜	1份

　　黄花菜有止血、消炎、清热、利湿、消食、明目、安神等功效，对产后妈妈便秘、失眠、乳汁不下等有疗效。

一日食谱推荐

　　产后妈妈此时应注重食物的质量，少食用高脂肪、高蛋白、不易消化的食物，以便瘦身。此时，多食用豆腐、冬瓜等营养丰富而又少脂肪的食物，多吃水果。

藕拌黄花菜

原料：莲藕100克，黄花菜30克，盐、葱花、高汤、水淀粉各适量。

做法：①将莲藕洗净，切片，放入开水锅中略煮一下，捞出，备用。②黄花菜用冷水泡后，洗净，沥干。③将葱花放入锅中爆香，然后放入黄花菜煸炒，加入高汤、盐炒至黄花菜熟透。④用水淀粉勾芡后出锅。⑤将藕片与黄花菜略拌即可。

桂圆枸杞红枣茶

冬瓜丸子汤

虾皮菠菜蛋汤

木瓜	1块
饼干	2块
桂圆枸杞红枣茶	1杯

　　饮用此茶可以补脾和胃、益气生津、养血安神、美颜明目，对产后护肤、瘦身有很好的功效。

千层饼	1块
西红柿炒蛋	1份
冬瓜丸子汤	1份

　　冬瓜丸子汤中维生素含量高而脂肪少，且钾盐含量高，钠盐含量较低，有消肿而不伤正气的作用。

草莓	5颗
榛子	3个
虾皮菠菜蛋汤	1份

　　此汤含有蛋白质、钙、铁及维生素等营养物质，具有补肝肾、益气血、补铁、补钙的作用。

产后宜忌

不宜服药期间随意中断哺乳

　　除了少数药物在哺乳期禁用外，其他药物在乳汁中的含量很少超过新妈妈用药量的1%~2%，这个剂量一般不会损害宝宝的身体，只要服药在安全范围内，就不应该中断哺乳。

冬瓜丸子汤

原料：猪肉末、冬瓜各100克，鸡蛋1个（取蛋清），料酒、姜末、盐、香菜、香油各适量。

做法：①冬瓜削皮，切成薄片；肉末放入碗中，加入蛋清、姜末、料酒、盐，搅拌均匀。②锅中加水烧开，调为小火，把肉馅挤成个头均匀的肉丸子，放入锅中，用汤勺轻轻推动，使之不粘连。③丸子全部挤好后开大火将汤烧沸，放入冬瓜片煮5分钟，加盐调味，放入香菜，滴入香油即可。

产后宜忌

瘦身忌盲目吃减肥药

　　跟开展任何一项瘦身活动一样，在开始有规律的体育运动之前，需要得到医生的认可。产后减肥需要考虑到膳食等多方面因素，不能盲目吃减肥药瘦身，应该科学健康的瘦身。

皮蛋干贝粥

香菇油菜

非哺乳妈妈
一日食谱推荐

早餐

苹果	1个
包子	1个
皮蛋干贝粥	1碗

　　皮蛋干贝粥富含蛋白质、碳水化合物、维生素 B_2 和钙、磷、铁等多种营养成分，有滋阴补肾、和胃调中功能。

中餐

米粥	1碗
茭白炒鸡蛋	1份
香菇油菜	1份

　　此菜含有蛋白质、维生素和钙、磷、铁等矿物质以及丰富的膳食纤维。

产后宜忌

产后瘦身宜多食用苹果

　　苹果营养丰富，热量不高，而且是碱性食品，可增强体力和抗病能力。苹果果胶属于可溶性膳食纤维，不但能加快胆固醇代谢，有效降低胆固醇水平，更可加快脂肪代谢。所以，产后妈妈瘦身应多吃苹果。

香菇油菜

原料：香菇5个，油菜100克，盐、料酒、白糖、葱花、姜末、香油、清汤、水淀粉各适量。

做法：①油菜洗净，从中间对半切开，再下沸水锅中焯透。②香菇泡发后，去杂质，一切两半，备用。③在锅中将葱花、姜末爆香，加入料酒、白糖、香菇、油菜煸炒，再加入少许清汤，用水淀粉勾芡，淋上香油即可。

第

36

产后

天

西红柿芹菜汁

雪菜豆腐虾仁汤

玉米西红柿羹

日间加餐

开心果	5 颗
面包	2 片
西红柿芹菜汁	1 份

　　西红柿芹菜汁含丰富的维生素 A 及维生素 C，具有净化血液的作用。

晚餐

花卷	1 个
西蓝花牛柳	1 份
雪菜豆腐虾仁汤	1 份

　　雪菜豆腐虾仁汤含有蛋白质、钙及维生素，有补钙、生肌、润肠胃、增进食欲的功效。

晚间加餐

苹果	1 个
酸奶	1 杯
玉米西红柿羹	1 份

　　玉米具有调中开胃、清热利肝、延缓衰老等食疗功效；西红柿可以清热解毒、美容养颜。

产后宜忌
产后穿着要薄厚适中

　　产后身体大量出汗，内衣宜穿吸水性较强的棉制品，外衣要柔软透气。炎热季节不一定非得穿长衣、长裤，这样容易生热痱或引起中暑。鞋子以穿布鞋为好，鞋底不要硬，鞋跟不要高，否则易引起妈妈的足底、足跟或下腹发生酸痛。

雪菜豆腐汤

原料：雪菜、豆腐各 50 克，虾仁、高汤、葱花、盐、香油各适量。

做法：①雪菜洗净，切成末；豆腐切成块状，放入清水中；虾仁洗净，切好，备用。②将葱花爆香，放入雪菜翻炒片刻，加入适量高汤，煮沸后放入豆腐块，烧至豆腐块浮起时，放入虾仁煮熟，加入盐、香油即可。

产后宜忌
产后宜留意观察恶露变化

　　恶露一般持续 3 周，初期是咖啡色，进而逐渐颜色变淡、流量减少。如果恶露中有血块、出血量增多或有不好的气味，排出时间过短或超过 3 周，表明子宫收缩不良或有感染，应该及时看医生。

芝麻圆白菜　　　　　　　　丝瓜豆腐鱼头汤

一日食谱推荐

玉米饼	1个
芋头排骨粥	1碗
芝麻圆白菜	1份

原料：圆白菜半颗，黑芝麻1把，盐适量。

做法：①将黑芝麻洗净，用小火炒出香味。②圆白菜洗净，切粗丝。③油锅烧至七成热，放入圆白菜，翻炒至熟透发软，加盐调味，撒上黑芝麻拌匀即可。还可以将圆白菜用开水焯熟，和黑芝麻加调料拌着吃。

功效：圆白菜富含维生素A、维生素C、维生素E、叶酸。此菜清淡爽口，是哺乳妈妈的饮食良品。

米饭	1碗
清炒绿豆芽	1份
丝瓜豆腐鱼头汤	1份

原料：鱼头1个，丝瓜、豆腐各100克，姜片、盐各适量。

做法：①丝瓜去角边，洗净切角形；鱼头洗净，劈开两半；豆腐用清水略洗。②将鱼头和姜片放入锅中，注入适量清水，用大火烧沸，煲10分钟。③放入豆腐和丝瓜，再用小火煲15分钟，加盐调味即可。

产后宜忌

瘦身宜增加膳食纤维的摄入量

　　膳食纤维具有纤体排毒的功效，因此在妈妈平日三餐中应多摄取西芹、南瓜、红薯与芋头这些富含膳食纤维的蔬菜，可以促进胃肠蠕动，减少脂肪堆积。

第

天

枸杞核桃豆浆

哺乳妈妈一方面要为瘦身做准备，一方面还要照顾到宝宝的营养，所以，此时不能刻意瘦身，要在增加营养的同时，吃一些瘦身的食物。

日间加餐

葵花子	1 把
香瓜	1 块
玉竹百合苹果汤	1 份

玉竹是一味养阴生津的良药。玉竹中所含的维生素 A，能改善干裂、粗糙的皮肤状况，使之柔软润滑。此汤对产后妈妈有美容护肤的作用。

晚餐

南瓜粥	1 碗
虾米冬瓜	1 份
白菜排骨汤	1 份

原料：猪排骨 100 克，白菜叶 150 克，盐、葱花、姜末、醋各适量。

做法：①排骨斩成段，沸水中焯一下；白菜叶切成丝。②锅中倒入清水、醋，放入排骨，大火煮沸后改小火炖烂。③捞出排骨，剔除骨头后，肉切碎，将肉再倒入锅中，加入白菜丝、葱花、姜末、盐煮沸即可。

晚间加餐

水果沙拉	1 份
饼干	2 块
枸杞核桃豆浆	1 杯

原料：核桃仁 15 克，枸杞子 20 克，黄豆 60 克。

做法：①将黄豆用水浸泡 10~12 小时，捞出洗净；枸杞子、核桃仁均洗净。②把上述食材放入豆浆机中，加水至上下水位线之间，启动豆浆机。待豆浆制作完成，滤出即可。

减脂降血压推荐佳品：竹荪红枣茶

功效：竹荪药用价值很高，具有补肾、明目、清热、润肺等功能，被视为有补益作用的"山珍"。同时还具有明显的减肥、降血压、降胆固醇等功效。

用法：可加餐时食用。

原料：竹荪 50 克，红枣 6 个，莲子 10 克，冰糖适量。

做法：①竹荪用清水浸泡 1 小时，至完全泡发后，剪去两头，洗净泥沙，放在热水中煮 1 分钟，捞出，沥干水分，备用。②莲子洗净去心，红枣洗净，去掉枣核，枣肉备用。③将竹荪、莲子、红枣肉一起放入锅中，加清水大火煮沸后，转小火再煮 20 分钟。④出锅前加入适量冰糖即可。

山药白萝卜粥

凉拌魔芋丝

非哺乳妈妈
一日食谱推荐

早餐

煎鸡蛋	1个
香蕉吐司	1份
山药白萝卜粥	1碗

原料：粳米50克，山药、白萝卜各20克。

做法：①将山药、白萝卜去皮，洗净，切成小块；粳米洗净。②将粳米、白萝卜、山药一同放入锅中，加入适量清水，用大火烧沸，再改用小火煮至米粥熟即可。

中餐

小米饭	1碗
健胃萝卜汤	1份
凉拌魔芋丝	1份

原料：魔芋丝200克，黄瓜80克，芝麻酱、酱油、醋、盐各适量。

做法：①黄瓜洗净，切丝；魔芋丝用开水烫熟，晾凉。②芝麻酱用水调开，加适量的酱油、醋、盐和成小料。③将魔芋丝和黄瓜丝放入盘内，倒入小料，拌匀即可。

功效：魔芋含有人体所需的十多种氨基酸和多种微量元素，低蛋白、低脂肪、高膳食纤维，具有排毒、减肥、通便等作用，对非哺乳妈妈来说是非常有利的食品。

产后宜忌
忌滥服营养品

有些人认为怀孕和生产的过程让妈妈大伤元气，要多吃些保健品补一补。其实，产后最好以天然食物为主，尽量少食用或不食用人工合成的各种补品。但可以选择食用一些专为孕产妈妈设计的多种维生素或钙片，因为月子里，尤其是进行母乳喂养的妈妈需要补充更多的维生素和钙、铁等矿物质。

第
37
产后
天

芹菜黄瓜汁

非哺乳妈妈在身体恢复得不错的情况下，可以从饮食和运动两方面达到瘦身的效果。饮食多清淡，不宜大补。

日间加餐

南瓜子	1 把
饼干	2 块
香蕉红枣玉米羹	1 份

香蕉有润肠通便、清热解毒、助消化和滋补的作用。睡前喝一碗香蕉红枣玉米羹，可以减轻心理压力，解除疲劳，镇静神经。

晚餐

花卷	1 个
芝麻冬瓜粥	1 碗
香菇肉片	1 份

芝麻含有大量的脂肪和蛋白质，还有膳食纤维、维生素 B_1、维生素 B_2、烟酸、维生素 E、卵磷脂、钙、铁、镁等营养成分，不仅有养血的功效，还能治疗产后妈妈皮肤干枯、粗糙，令皮肤细腻光滑、红润光泽。

晚间加餐

榛子	5 颗
小蛋糕	1 个
芹菜黄瓜汁	1 份

芹菜的热量很低，其中的碱性物质能中和体内的酸性物质，同时也具有清血的作用。

开胃补益瘦身佳品：橘瓣银耳羹

功效：此羹含丰富的碳水化合物、钙、磷、铁、胡萝卜素和 B 族维生素、维生素 C 及烟酸等多种营养素，具有滋养肺胃、生津润燥、理气开胃的作用。产后妈妈食用既有补益作用，还可开胃，促进食欲。

用法：可加餐时食用。

原料：银耳 15 克，橘子 100 克，冰糖适量。

做法：①将银耳用清水浸泡，涨发后去掉黄根与杂质，洗净备用。②橘子去皮，掰好橘瓣，备用。③将银耳放入锅中，加适量清水，大火烧沸后转小火，煮至银耳软烂。④将橘瓣和冰糖放入锅中，再用小火煮 5 分钟即可。

白萝卜海带汤

哺乳妈妈一日食谱推荐

早餐

酸甜黄瓜	1 份
饺子	3 个
滑蛋牛肉粥	1 碗

原料：牛肉、粳米、糯米各 30 克，香菇 3 朵，鸡蛋黄 1 个，葱花、姜片、酱油、香油、盐、香菜段各适量。

做法：①将粳米、糯米洗净后用清水浸泡；牛肉洗净切片；香菇洗净切片。②沙锅中添加适量水煮开，加入浸泡好的粳米、糯米，大火煮开后转小火煮至米粒开花。③在锅中加入姜片、香菇和牛肉片，放入盐，加入蛋黄，撒上葱花。④稍煮片刻，再将香菜段放入锅中，倒入酱油、香油，煮沸即可。

功效：此粥具有补脾胃、益气血、除湿气、消水肿、强筋骨等作用，产后妈妈食用不仅可以补充营养，还不会长脂肪。

中餐

米饭	1 碗
炒猪肝	1 份
紫菜豆腐汤	1 份

原料：豆腐 150 克，紫菜 25 克，葱花、盐、香油各适量。

做法：①将紫菜泡发，用清水洗去泥沙；豆腐切块，备用。②将泡好的紫菜、豆腐块一同放入锅中，加适量清水，用大火煮沸，转小火继续煮至豆腐熟透。③出锅时加盐调味，撒上葱花、香油即可。

功效：豆腐是补益清热养生的食品，可以补中益气、清热润燥、生津止渴、清洁肠胃。此汤能增加产后妈妈的营养，帮助消化、增进食欲。

产后宜忌
产后减肥忌急于求成

　　产后减肥不能操之过急，月子和哺乳期间瘦身非常伤身，新妈妈必须格外注意。产后最需要调养身体，补充营养，绝对不可以不顾及自己身体强行减肥。

晚餐

奶酪焗饭	1 份
苹果	1 个
白萝卜海带汤	1 份

原料：鲜海带 50 克，白萝卜 100 克，盐适量。

做法：①海带洗净切成丝；白萝卜洗净去皮切丝，备用。②将海带、白萝卜丝一同放入锅中，加适量清水，大火煮沸后转小火慢煮至海带熟透。③出锅时加入盐调味即可。

功效：海带是一种碱性食品，产后妈妈食用会增加对钙的吸收，并且减少脂肪在体内的积存，能够降低体重，健康瘦身。

椰汁西米露

产后妈妈可在减少正餐摄入的情况下，进行产后瘦身锻炼，但是，锻炼的时间不宜过长，运动量也不可过大，要注意循序渐进，逐渐增加运动量。

非哺乳妈妈一日食谱推荐

早餐

煮鸡蛋	1个
葱花饼	1个
芦荟黄瓜粥	1碗

原料：芦荟 10 克，黄瓜、粳米各 30 克，白糖适量。

做法：①将芦荟洗净，切成小块；黄瓜去皮、瓤，切成小块；粳米洗净。②将芦荟、粳米、黄瓜一同放入锅中，加适量清水，用大火煮沸，转小火煮至粳米熟烂，加白糖搅匀即可。

功效：食用芦荟可以排除体内毒素、防止便秘。此外，此粥还能美白肌肤，增强皮肤亮度，保持皮肤湿润和弹性，对产后妈妈护肤有很大的帮助。

中餐

米饭	1碗
凉拌土豆丝	1份
南瓜紫菜鸡蛋汤	1份

原料：南瓜 100 克，紫菜 10 克，虾皮 20 克，鸡蛋 1 个，盐适量。

做法：①南瓜去皮、去瓤后洗净，切块；紫菜泡发后洗净；鸡蛋打入碗内搅匀。②锅中加入适量清水，将南瓜块放入锅内，用大火煮沸，然后转小火煮约 30 分钟。③将紫菜放入锅中，再继续煮 10 分钟。④将搅好的蛋液倒入锅中，转大火煮沸，撒入虾皮，放入盐调味即可。

功效：此汤含有一定量的甘露醇，可作为治疗水肿的辅助食品，同时对产后恢复食欲及体力有促进作用。

产后宜忌
瘦身宜在床上做运动

产后一个月，如果身体恢复较快，产后妈妈可以开始在床上做一些仰卧起坐、抬腿等活动，以此锻炼腹肌和腰肌，还可以减少腹部、臀部的脂肪。

晚餐

香蕉	1根
茄子面	1份
椰汁西米露	1份

原料：西米 150 克，椰汁 250 克。

做法：①西米用温水泡 15 分钟。②锅内放入适量清水，煮沸后倒入泡好的西米，转小火慢煮。要用勺子不停搅拌西米，等西米煮到透明状，西米心中也只有一个小白点时即可倒出。③把煮好的西米过凉水后，再将椰汁和西米放入锅中，再次煮沸即可。

功效：西米有温中健脾、治脾胃虚弱、防止消化不良的功效。此外西米还有使皮肤恢复天然润泽的功能，所以很适合产后妈妈护肤食用。

豆腐酒酿汤

哺乳妈妈一日食谱推荐

早餐

苹果	1个
猪肉包	1个
豆腐酒酿汤	1份

原料：豆腐100克，红糖、酒酿各适量。

做法：①将豆腐切成小块。②锅中加入适量清水煮沸，把豆腐、红糖、酒酿放入锅内，煮15~20分钟即可。

功效：此汤具有养血活血、清热解毒的作用。哺乳妈妈常食，既能增加乳汁的分泌，又能促进子宫恢复。

产后宜忌

产后不宜强制减肥

产后42天内，不能盲目节食减肥。因为身体还未完全恢复到孕前的程度，加之还担负哺育任务，此时正是需要补充营养的时候。产后强制节食，不仅会导致新妈妈身体恢复慢，严重的还有可能引发产后各种并发症。

中餐

米饭	1碗
清炒冬瓜	1份
羊排骨粉丝汤	1份

原料：羊排骨150克，干粉丝20克，葱花、姜丝、醋、香菜、盐各适量。

做法：①将羊排骨洗净，切块；香菜择洗干净，切小段；粉丝用开水浸泡，备用。②锅中放油烧热，放入羊排骨煸炒至干，加醋。③加入姜丝、葱花，倒入适量清水，用大火煮沸后，撇去浮沫。④改用小火焖煮至羊排骨熟烂，加入粉丝，撒上香菜，加盐调味，煮沸即可。

功效：羊排骨能补肾填髓、强筋骨，与粉条等物共煮制成汤，有滋补强身的作用。

晚餐

紫米饭	1碗
圆白菜炒香菇	1份
鲫鱼冬瓜汤	1份

鲫鱼冬瓜汤能健脾利湿、和中开胃、利尿消肿，适合产后妈妈滋补和开胃。

扫一扫，
看视频学做菜

产后宜忌

产后忌不做检查

如果不去做检查，就不能及时发现异常并及早进行处理，容易延误治疗或遗留病症。因此，产后6周左右，产后妈妈应到医院做一次全面的产后检查，以便了解全身和盆腔器官是否恢复到孕前状态或了解哺乳情况。

红薯山楂绿豆粥

此时，产后妈妈可以适当瘦身了，不过不能过度劳累或强制减肥。产后瘦身也需要吃一些水果，如香蕉、苹果、甜橙。香蕉的脂肪很低，可以帮助瘦腿；苹果可以提高脂肪代谢的速度，减少下身的脂肪；甜橙含有丰富的维生素，不含脂肪。妈妈还可以吃些利尿、消肿、排毒的食物，如冬瓜、豆腐、西红柿等。

非哺乳妈妈一日食谱推荐

早餐

包子	1个
煮鸡蛋	1个
红薯山楂绿豆粥	1碗

原料：红薯100克，山楂末10克，绿豆粉20克，粳米30克，白糖适量。

做法：①红薯去皮洗净，切成小块，备用。②粳米洗净后放入锅中，加适量清水用大火煮沸。③加入红薯煮沸，改用小火煮至粥将成，加入山楂末、绿豆粉煮沸，煮至粥熟透加白糖即可。

功效：此粥具有清热解毒、利水消肿、去脂减肥的作用，可以帮助妈妈产后减肥，恢复体形。

中餐

米饭	1碗
炒鲜莴笋	1份
西红柿烧豆腐	1份

原料：西红柿2个，豆腐100克，葱花、盐各适量。

做法：①将西红柿洗净，切片；豆腐切成长方块。②将葱花放入锅中爆香，再放入西红柿翻炒至出汁，加入豆腐翻炒几下，放盐调味即可。

功效：豆腐富含蛋白质、钙质和异黄酮素，有助于降低胆固醇、强化骨质。西红柿热量低，含丰富的茄红素，可预防衰老。

产后宜忌

贫血时忌减肥

如果分娩时失血过多，会造成贫血，使产后恢复缓慢，在没有解决贫血的基础上瘦身势必会加重贫血。所以，产后妈妈若贫血一定不能减肥，要多吃含铁丰富的食品，如菠菜、红糖、鱼、肉类、动物肝脏等。

晚餐

香菇油菜	1份
红枣糯米粥	1碗
冬瓜干贝汤	1份

原料：鸡腿1个，冬瓜100克，干贝10克，姜片、盐各适量。

做法：①鸡腿剁块，洗净；冬瓜去皮、子，洗净，切块状；干贝洗净，泡软，备用。②锅内加适量水煮沸后，放入鸡块，捞去浮沫，放入冬瓜、姜片煮至鸡肉熟透。③将干贝放入锅中，煮片刻，加盐调味即可。

功效：冬瓜含有多种维生素和人体必需的微量元素，可调节人体的代谢平衡。冬瓜中的有效物质可促使体内淀汾、糖转化为热量，而不变成脂肪。因此，冬瓜是产后妈妈瘦身消肿的理想蔬菜。

宝宝的潜能开发

　　在月子里对宝宝进行早期教育和潜能开发，对今后宝宝的成长是非常有益处的。宝宝出生一个多月，既不会说话，也不会走动，如何开发宝宝的潜能呢？

跟宝宝交流

　　出生一个多月的宝宝已经开始逐步适应环境，逐步与人交流，妈妈可以用适当的方法与宝宝进行沟通。

对宝宝讲话或唱歌

　　妈妈要常常和宝宝柔声谈话，"好宝宝，笑一笑"，"小宝宝，快睡吧"，"别哭了，妈妈唱支歌"等。并且要注视宝宝的眼睛。另外，可以给宝宝唱些摇篮曲。这种听觉刺激会加强妈妈与宝宝之间的感情。

为宝宝按摩

　　宝宝还不能做翻身、爬等动作，只会伸伸自己的小胳膊，用脚和腿蹬被子。爸爸妈妈可以为宝宝做一些简单的按摩动作，比如，从肩到手按摩宝宝胳膊，注意动作一定要轻柔。这样的按摩可以使宝宝产生舒适愉快的情绪，锻炼宝宝的大肌肉群。

触动宝宝的脸颊

　　爸爸妈妈可以在宝宝吃奶或清醒时，用手指轻轻触动宝宝的左、右两侧脸颊，使其头往左右转，这可以训练宝宝的反应能力。

游戏

　　妈妈可以在床边挂色彩艳丽、可动、会响的玩具，促进宝宝视、听能力。在宝宝俯卧的时候，将一个彩色的玩具向上拉过他的视野，让他的眼睛和头部追随着运动。

带宝宝游泳

　　对宝宝进行游泳训练，可以有效地刺激宝宝的神经系统、消化系统、呼吸系统、循环系统及肌肉和骨骼系统，促进宝宝大脑、骨骼和肌肉的发育，激发宝宝的早期潜能，为以后提高宝宝的智商、情商打下坚实基础。

游泳时间及防护

　　宝宝最好是生后7天待脐带脱落以后再游泳，以防止脐部感染；如果有专业护士或医生的指导，贴上了护脐贴，也可以在出生后24小时或48小时就开始游泳。

游泳前的准备

　　给宝宝做婴儿游泳应该在吃奶后半小时到一小时左右，另外，还要观察宝宝是否高兴，是否刚睡醒，有什么不舒服的地方，一定要在宝宝心情愉快的情况下，进行游泳操作。

　　宝宝下水前，必须对颈圈进行安全检测；套好颈圈后，还务必要检查保险扣是否扣牢，检查下颏部是否托在预设位置，能否保证宝宝呼吸通畅；还要在宝宝肚脐上贴上防水贴，以防感染。

宝宝下水

宝宝下水后,通常游泳10~15分钟,要注意水温的变化,以免宝宝着凉。在宝宝游泳时,妈妈不能离开婴儿半臂之外,不能丢下宝宝,如果必须离开,一定把宝宝用浴巾包好抱在手里,以防止意外发生。根据宝宝的具体情况,可以给宝宝操作水中抚触操,有的宝宝进入水中就睡着了,妈妈可以给他适当做一些水中抚触操,帮助宝宝运动,有时宝宝进入水中就游来游去,这时就让宝宝自主运动。

游泳后宝宝需要休息

游泳后用浴巾包裹好宝宝,并将宝宝的身体擦干,然后涂一些婴儿护肤品,给宝宝做全身的按摩。休息片刻后再饮水或吃奶,以缓解宝宝的疲劳。宝宝回家后要好好休息,妈妈要注意观察宝宝的睡眠、吃奶情况、精神状态及大小便等情况,以防止异常发生。

宝宝经常游泳能提高大脑功能,使他反应快,智力发育好。

宝宝的智力开发

在0~2岁阶段,宝宝学习能力的发展是相当惊人的,所以,妈妈要在这时期开启宝宝的智力,构建出宝宝全方位的智能发展。

身心发展

刚出生的宝宝大部分时间都是睡睡醒醒,醒着时会出现抓握、吸吮、眼球转动等反射动作。例如你将手指放入宝宝的手掌中,他会反射性地抓握,不过,此时还未意识到那是他自己的小手。此外,会被突如其来的声音所惊吓,而有哭泣、惊讶等反应。

学习方式

这时期宝宝的学习主要是通过身体的反射能力来面对外界的环境。因此,妈妈可以给宝宝一个舒适的睡眠环境,让他处在放松、安全的状态;宝宝醒来的短暂时间里,可以陪他说话、触摸他的肌肤、与他互看,让他感受外在世界的美好。

早教内容要宽泛

早期教育并不是单纯地认识几个字、会做几道题、会背几首诗。内容应该宽泛些,包括坐、爬、跳等运动功能训练,认知能力训练,社会适应能力训练等。

附录：
产后瘦身操

拍手及双脚交替抬高运动

全身平躺于舒适的垫子上，拍手的同时，双脚交替抬高。每次20下，每天至少2次。

注：锻炼上臂、腹部及大腿的肌肉（产后一周就可开始做）。

点脚运动

全身平躺于舒适的垫子上，将右脚交叉至左脚上方，再回到原位，反之亦然。每次20下，每天至少2次。

注：锻炼腹部及大腿的肌肉。

双腿开合动作

全身平躺于舒适的垫子上，双腿缓缓往两侧平行展开，再恢复原位。每次20下，每天至少2次。

注：锻炼腹部及大腿的肌肉。

抬臀动作

全身平躺于舒适的垫子上，臀部尽量往上抬高，再慢慢放下。每次20下，每天至少2次。

注：锻炼腹部及臀部的肌肉。

侧躺抬手脚动作

侧躺，下侧腿膝盖部位稍微弯曲，上侧手脚一起抬高。每次 15~20 下，每天至少 2 次。

注：锻炼上臂、臀部及大腿的肌肉。

脚板滑动运动

全身平躺，左脚脚板沿右脚脚面上滑至膝盖，再下滑回原位，反之亦然。每次 20 下，每天至少 2 次。

注：锻炼腹部及大腿的肌肉。

俯卧抬腿动作

俯卧，膝盖伸直，双腿交替抬高。每次 20 下，每天至少 2 次。

注：锻炼臀部及大腿的肌肉。

进阶伏地挺身

如一般传统伏地挺身，双手撑地，膝盖伸直，身体上下移动。每次 20 下，每天至少 2 次。

注：锻炼上肢、腹部及臀部的肌肉。

图书在版编目(CIP)数据

坐月子吃什么每日一页 / 李宁主编. — 北京：中国轻工业出版社，2018.9

ISBN 978-7-5019-8812-9

Ⅰ.①坐… Ⅱ.①李… Ⅲ.①产妇－妇幼保健－食谱 Ⅳ.① TS972.164

中国版本图书馆 CIP 数据核字 (2012) 第 100111 号

责任编辑：龙志丹　秦 功　高惠京　　　　责任终审：张乃柬
策划编辑：龙志丹　秦 功　　　　　　　　责任监印：张京华
设　　计：默　默

出版发行：中国轻工业出版社（北京东长安街 6 号，邮编：100740）
印　　刷：北京博海升彩色印刷有限公司
经　　销：各地新华书店
版　　次：2018 年 9 月第 1 版第 15 次印刷
开　　本：889×1194 1/24　印张：7
字　　数：200 千字
书　　号：ISBN 978-7-5019-8812-9　　定价：29.80 元
邮购电话：010-65241695
发行电话：010-85119835　　传真：85113293
网址：http：//www.chlip.com.cn
E-mail：club@chlip.com.cn
如发现图书残缺请与我社邮购联系调换
181064S3C115ZBW